"十四五"职业教育国家规划教材

中等职业教育
数字艺术类规划教材

边做边学
——InDesign CS6
排版艺术案例教程

（微课版）

俞侃 李响 ◎ 主编

王文晓 孙晨晖 田晋芳 ◎ 副主编

人民邮电出版社
北　京

图书在版编目（CIP）数据

InDesign CS6排版艺术案例教程：微课版 / 俞侃，李响主编. -- 北京：人民邮电出版社，2018.9
（边做边学）
中等职业教育数字艺术类规划教材
ISBN 978-7-115-48392-8

Ⅰ. ①I… Ⅱ. ①俞… ②李… Ⅲ. ①电子排版－应用软件－中等专业学校－教材 Ⅳ. ①TS803.23

中国版本图书馆CIP数据核字(2018)第091523号

内 容 提 要

本书全面系统地介绍 InDesign CS6 的基本操作方法和排版设计技巧，内容包括 InDesign CS6 基础操作、绘制和编辑图形对象、路径的绘制与编辑、编辑描边与填充、编辑文本、处理图像、版式编排、表格与图层、页面编排、编辑书籍和目录以及综合设计实训。

本书内容的讲解均以课堂实训案例为主线，通过案例的操作，学生可以快速熟悉案例设计理念。书中的软件相关功能解析部分使学生能够深入学习软件功能；课堂实战演练和课后综合演练，可以拓展学生的实际应用能力，提高学生的软件使用技巧。在综合设计实训中，根据 InDesign CS6 的各个应用领域，精心安排了专业设计公司的 5 个精彩案例，通过对这些案例进行全面的分析和提示性的讲解，可以使学生更加贴近实际工作，艺术创意思维更加开阔，实际设计制作水平不断提升。本书云盘中包含了书中所有案例的素材及效果文件，以利于教师授课，学生练习。

本书适合作为中等职业院校 InDesign 课程的教材，也可作为相关人员的参考用书。

◆ 主　　编　俞　侃　李　响
　　副主编　　王文晓　孙晨晖　田晋芳
　　责任编辑　桑　珊
　　责任印制　马振武

◆ 人民邮电出版社出版发行　　北京市丰台区成寿寺路 11 号
　　邮编　100164　　电子邮件　315@ptpress.com.cn
　　网址　http://www.ptpress.com.cn
　　固安县铭成印刷有限公司印刷

◆ 开本：787×1092　1/16
　　印张：15　　　　　　　　2018 年 9 月第 1 版
　　字数：388 千字　　　　　2025 年 2 月河北第 15 次印刷

定价：39.80 元

读者服务热线：(010)81055256　印装质量热线：(010)81055316
反盗版热线：(010)81055315

前　言

InDesign 是由 Adobe 公司开发的专业设计排版软件。它功能强大，易学易用，深受版式编排人员和平面设计师的喜爱，已经成为这一领域最流行的软件之一。目前，我国很多职业学校都将 InDesign 作为一门重要的专业课程。为了帮助职业学校的教师全面、系统地讲授这门课程，使学生能够熟练地使用 InDesign 来进行设计排版，我们几位长期在职业学校从事 InDesign 教学的教师和专业平面设计公司经验丰富的设计师合作，共同编写了本书。

本书全面贯彻党的二十大精神，以社会主义核心价值观为引领，传承中华优秀传统文化，坚定文化自信，使内容更好体现时代性、把握规律性、富于创造性。

根据现代职业学校的教学方向和教学特色，我们对本书的编写体系做了精心的设计。每章按照"课堂实训案例－软件相关功能－课堂实战演练－课后综合演练"这一思路进行编排，力求通过课堂实训案例演练，使学生快速熟悉版式设计理念和软件功能；通过软件相关功能解析，使学生深入学习软件功能和制作特色；通过课堂实战演练和课后综合演练，拓展学生的实际应用能力。

本书配套云盘中包含了书中所有案例的素材、效果文件和微课视频（下载链接：https://box.lenovo.com/l/Eny9qI，提取码：decb）。另外，为方便教师教学，本书配备了详尽的课堂练习和课后习题的操作步骤以及 PPT 课件、教学大纲等丰富的教学资源，任课教师可登录人邮教育社区（www.ryjiaoyu.com）免费下载使用。本书的参考学时为 68 学时，各章的参考课时参见下面的课时分配表。

学时分配表

章	课程内容	学时分配
第 1 章	InDesign CS6 基础操作	4
第 2 章	绘制和编辑图形对象	6
第 3 章	路径的绘制与编辑	6
第 4 章	编辑描边与填充	6
第 5 章	编辑文本	6
第 6 章	处理图像	8
第 7 章	版式编排	8
第 8 章	表格与图层	6
第 9 章	页面编排	8
第 10 章	编辑书籍和目录	8
第 11 章	综合设计实训	2
学时总计		68

本书由俞侃、李响任主编，王文晓、孙晨晖、田晋芳任副主编，参与编写的还有郭能华。由于编者水平有限，书中难免存在疏漏和不妥之处，敬请广大读者批评指正。

编　者

2023 年 5 月

目　　录

第7章 版式编排

第8章 表格与图层

第9章　页面编排

第10章　编辑书籍和目录

第1章 InDesign CS6 基础操作

本章介绍 InDesign CS6 中文版的操作界面，对工具箱、面板、文件、图像的基本操作等进行详细的讲解。通过本章的学习，读者可以了解并掌握 InDesign CS6 的基本功能，为进一步学习 InDesign CS6 打下坚实的基础。

课堂学习目标

- 了解 InDesign CS6 的操作界面
- 掌握文件的设置方法
- 掌握图像的基本操作

1.1 工作界面的基本操作

1.1.1 【训练目标】

通过打开文件、复制对象和取消编组，熟悉工具箱中工具的使用方法和菜单栏的操作。通过改变图形的颜色，熟悉面板的使用方法。

1.1.2 【案例操作】

步骤 1 打开 InDesign CS6 软件，选择"文件 > 打开"命令，弹出"打开"对话框，选择云盘中的"Ch01 > 效果 > 绘制卡通船"文件，单击"打开"按钮，打开文件，如图 1-1 所示。

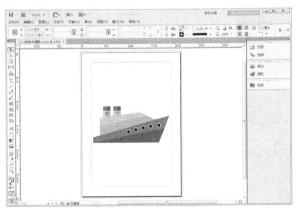

图 1-1

步骤 2 　选择图 1-1 左侧工具箱中的"选择"工具 ，单击选取烟囱图形，如图 1-2 所示。按 Ctrl+C 组合键，复制图形。按 Ctrl+N 组合键，弹出"新建文档"对话框，选项的设置如图 1-3 所示。单击"边距和分栏"按钮，弹出"新建边距和分栏"对话框，选项的设置如图 1-4 所示。单击"确定"按钮，新建一个页面。按 Ctrl+V 组合键，将复制的图形粘贴到新建的页面中，如图 1-5 所示。

图 1-2

图 1-3

图 1-4

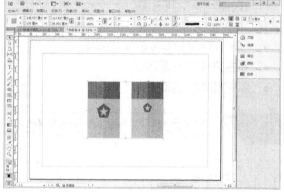

图 1-5

步骤 3 　在菜单栏中选择"对象 > 取消编组"命令，取消对象的编组状态。选择"选择"工具 ，选取五角星图形，如图 1-6 所示。单击绘图窗口右侧的"颜色"按钮 ，弹出"颜色"面板，设置需要的颜色值如图 1-7 所示，效果如图 1-8 所示。

图 1-6

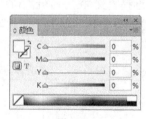

图 1-7

图 1-8

步骤 4 　按 Ctrl+S 组合键，弹出"存储为"对话框，单击"保存"按钮保存文件。

1.1.3 　【相关知识】

1. 工作界面

InDesign CS6 的工作界面主要由菜单栏、控制面板、标题栏、工具箱、面板、页面区域、滚动条、泊槽、状态栏等部分组成，如图 1-9 所示。

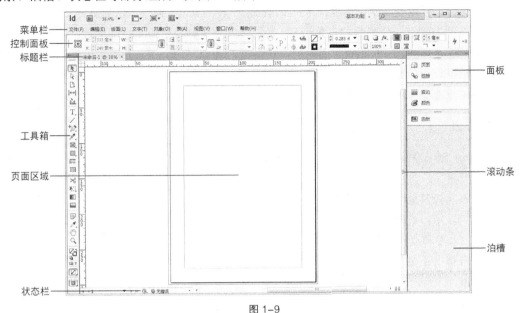

图 1-9

菜单栏：包括 InDesign CS6 中所有的操作命令，主要包括 9 个主菜单。每一个主菜单又包括多个子菜单，通过应用这些命令可以完成基本操作。

控制面板：选取或调用与当前页面中所选项目或对象有关的选项和命令。

标题栏：左侧是当前文档的名称和显示比例，右侧是控制窗口的按钮。

工具箱：包括 InDesign CS6 中所有的工具。大部分工具还有其展开式工具面板，里面包含与该工具功能相类似的工具，可以更方便、快捷地进行绘图与编辑。

面板：可以快速调出许多设置数值和调节功能的面板，它是 InDesign CS6 中最重要的组件之一。面板是可以折叠的，可根据需要分离或组合，具有很大的灵活性。

页面区域：指在工作界面中间以黑色实线表示的矩形区域，这个区域的大小就是用户设置的页面大小。页面区域还包括页面外的出血线、页面内的页边线和栏辅助线。

滚动条：当屏幕内不能完全显示出整个文档的时候，通过拖曳滚动条来实现对整个文档的浏览。

泊槽：用来组织和存放面板。

状态栏：显示当前文档的所属页面、文档所处的状态等信息。

2. 菜单栏及快捷方式

熟练地使用菜单栏能够快速有效地完成绘制和编辑任务，提高排版效率。下面对菜单栏进行详细介绍。

InDesign CS6 中的菜单栏包含"文件""编辑""版面""文字""对象""表""视图""窗口"和"帮助"共 9 个菜单，如图 1-10 所示。每个菜单里又包含了相应的子菜单。单击每一类的菜单都将弹出其下拉菜单，如单击"版面"菜单，将弹出图 1-11 所示的下拉菜单。

文件(F)　编辑(E)　版面(L)　文字(T)　对象(O)　表(A)　视图(V)　窗口(W)　帮助(H)

图 1-10   图 1-11

下拉菜单的左侧是命令的名称，在经常使用的命令右侧是该命令的快捷键，要执行该命令，直接按下快捷键，可以提高操作速度。例如，"版面 > 转到页面"命令的快捷键为 Ctrl+J 组合键。

有些命令的右侧有一个黑色的三角形▶，表示该命令还有相应的下拉子菜单。用鼠标单击黑色三角形▶，即可弹出其下拉菜单。有些命令的后面有省略号"..."，表示用鼠标单击该命令即可弹出其对话框，可以在对话框中进行更详尽的设置。有些命令呈灰色，表示该命令在当前状态下为不可用，需要选中相应的对象或进行了合适的设置后，该命令才会变为黑色可用状态。

3．工具箱

InDesign CS6 工具箱中的工具具有强大的功能，这些工具可以用来编辑文字、形状、线条、渐变等页面元素。

工具箱不能像其他面板一样进行堆叠、连接操作，但是可以通过单击工具箱上方的图标▶▶实现单栏或双栏显示；或拖曳工具箱的标题栏到页面中，将其变为活动面板。单击工具箱上方的按钮▼在垂直、水平和双栏 3 种外观间切换，如图 1-12、图 1-13 和图 1-14 所示。工具箱中部分工具的右下角带有一个黑色三角形，表示该工具还有展开工具组。用鼠标按住该工具不放，即可弹出展开工具组。

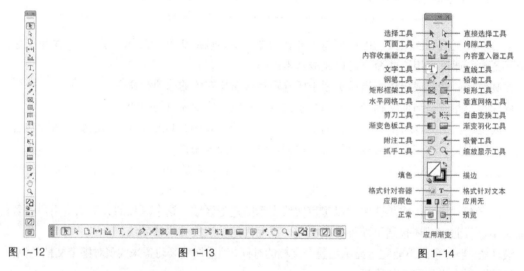

图 1-12   图 1-13   图 1-14

下面分别介绍各个展开工具组。

文字工具组包括 4 个工具：文字工具、直排文字工具、路径文字工具和垂直路径文字工具，如图 1-15 所示。

钢笔工具组包括 4 个工具：钢笔工具、添加锚点工具、删除锚点工具和转换方向点工具，如图 1-16 所示。

铅笔工具组包括 3 个工具：铅笔工具、平滑工具和抹除工具，如图 1-17 所示。

矩形框架工具组包括 3 个工具：矩形框架工具、椭圆框架工具和多边形框架工具，如图 1-18 所示。

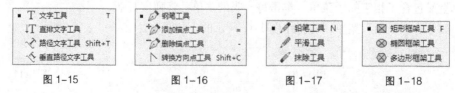

图 1-15   图 1-16   图 1-17   图 1-18

矩形工具组包括 3 个工具：矩形工具、椭圆工具和多边形工具，如图 1-19 所示。

自由变换工具组包括 4 个工具：自由变换工具、旋转工具、缩放工具和切变工具，如图 1-20 所示。

吸管工具组包括 2 个工具：吸管工具和度量工具，如图 1-21 所示。

预览工具组包括 4 个工具：预览、出血、辅助信息区和演示文稿，如图 1-22 所示。

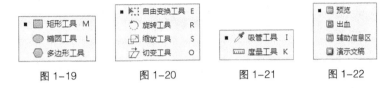

图 1-19　　　　　　图 1-20　　　　　　图 1-21　　　　　　图 1-22

4. 控制面板

当用户选择不同对象时，InDesign CS6 的控制面板将显示不同的选项，如图 1-23、图 1-24 和图 1-25 所示。

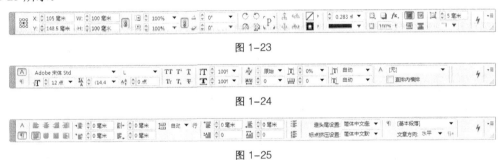

图 1-23

图 1-24

图 1-25

使用工具绘制对象时，可以在控制面板中设置所绘制对象的属性，可以对图形、文本和段落的属性进行设定和调整。

提　示　　当控制面板的选项改变时，可以通过工具提示来了解有关每一个选项的更多信息。工具提示在将光标移到一个图符或选项上停留片刻时自动出现。

5. 使用面板

在 InDesign CS6 的"窗口"菜单中，提供了多种面板，主要有附注、渐变、交互、链接、描边、任务、色板、输出、属性、图层、文本绕排、文字和表、效果、信息、颜色、页面等面板。

◎ **显示某个面板或其所在的组**

在"窗口"菜单中选择面板的名称，调出某个面板或其所在的组。要隐藏面板，在窗口菜单中再次单击面板的名称。如果这个面板已经在页面上显示，那么"窗口"菜单中的这个面板命令前会显示"√"。

提　示　　按 Shift+Tab 组合键，显示或隐藏除控制面板和工具箱外的所有面板；按 Tab 键，隐藏所有面板和工具箱。

◎ 排列面板

在面板组中，单击面板的名称标签，它就会被选中并显示为可操作的状态，如图 1-26 所示。把其中一个面板拖到组的外面，如图 1-27 所示；建立一个独立的面板，如图 1-28 所示。

图 1-26

图 1-27

图 1-28

按住 Alt 键，拖动其中一个面板的标签，可以移动整个面板组。

◎ 面板菜单

单击面板右上方的 按钮，会弹出当前面板的面板菜单，可以从中选择各选项，如图 1-29 所示。

◎ 改变面板高度和宽度

如果需要改变面板的高度和宽度，可以拖曳面板右下角的尺寸框 来实现。单击面板中的"折叠为图标"按钮 ，第一次单击折叠为图标；第二次单击可以使面板恢复默认大小。

以"色板"面板为例，原面板效果如图 1-30 所示；在面板右下角的尺寸框 单击并按住鼠标左键不放，将其拖曳到适当的位置，如图 1-31 所示；松开鼠标左键后的效果如图 1-32 所示。

图 1-29

图 1-30

图 1-31

图 1-32

◎ 将面板收缩到泊槽

在泊槽中的面板标签上单击并按住鼠标左键不放，将其拖曳到页面中，如图 1-33 所示；松开鼠标左键，可以将缩进的面板转换为浮动面板，如图 1-34 所示。在页面中的浮动面板标签上单击并按住鼠标左键不放，将其拖曳到泊槽中，如图 1-35 所示；松开鼠标左键，可以将浮动面板转换为缩进面板，如图 1-36 所示。拖曳缩进到泊槽中的面板标签，放到其他的缩进面板中，可以组合出新的缩进面板组。使用相同的方法可以将多个缩进面板合并为一组。

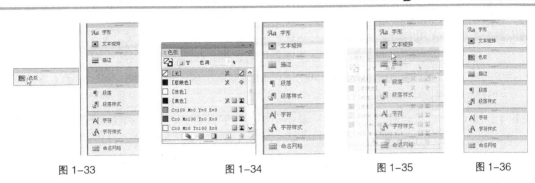

图 1-33　　　　　　　　图 1-34　　　　　　　　图 1-35　　　　　　图 1-36

单击面板的标签（如页面标签 [ ] 页面 ），可以显示或隐藏面板。单击泊槽上方的 按钮，可以使面板变成"展开面板"或将其"折叠为图标"。

6. 状态栏

状态栏在工作界面的最下面，包括 2 个部分，如图 1-37 所示。左侧显示当前文档的所属页面；弹出式菜单可显示当前的页码；右侧是滚动条，当绘制的图像过大不能完全显示时，可以通过拖曳滚动条浏览整个图像。

图 1-37

1.2　设置文件

1.2.1　【训练目标】

通过打开文件熟练掌握打开命令。通过复制文件熟练掌握新建命令。通过关闭新建文件，熟练掌握保存和关闭命令。

1.2.2　【案例操作】

步骤 1 打开 InDesign CS6 软件，选择"文件 > 打开"命令，弹出"打开文件"对话框，如图 1-38 所示。选择云盘中的"Ch01 > 效果 > 绘制快餐车"文件，单击"打开"按钮，打开文件，如图 1-39 所示。

图 1-38

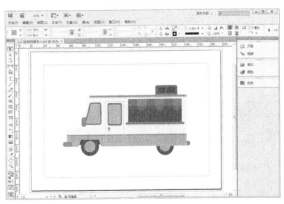

图 1-39

步骤 2 按 Ctrl+A 组合键，全选图形，如图 1-40 所示。按 Ctrl+C 组合键，复制图形。选择"文件 > 新建 > 文档"命令，弹出"新建文档"对话框，选项的设置如图 1-41 所示。单击"边距和分栏"按钮，弹出"新建边距和分栏"对话框，选项的设置如图 1-42 所示。单击"确定"按钮，新建一个页面。

步骤 3 按 Ctrl+V 组合键，将复制的图形粘贴到新建的页面中。按 Shift+Ctrl+G 组合键，取消图形编组，如图 1-43 所示。单击绘图窗口右上角的按钮，弹出提示对话框，如图 1-44 所示。单击"是"按钮，弹出"存储为"对话框，选项的设置如图 1-45 所示，单击"保存"按钮，保存文件。

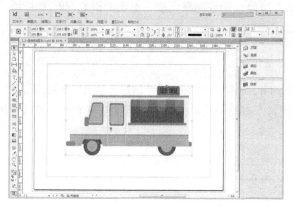

图 1-40

图 1-41

图 1-42

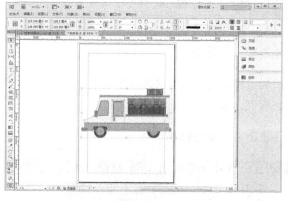

图 1-43

图 1-44

图 1-45

步骤 4 再次单击绘图窗口右上角的按钮⊠，关闭打开的"绘制粉猪图标"文件。单击标题栏右侧的"关闭"按钮 × ，可关闭软件。

1.2.3 【相关知识】

1. 新建文件

新建文档是设计制作的第一步，可以根据自己的设计需要新建文档。

选择"文件 > 新建 > 文档"命令，或按 Ctrl+N 组合键，弹出"新建文档"对话框，如图 1-46 所示。

"用途"选项：可以根据需要设置文档输出后适用于的格式。

"页数"选项：可以根据需要输入文档的总页数。

"对页"复选框：勾选此项可以在多页文档中建立左右页以对页形式显示的版面格式，就是通常所说的对开页。不勾选此项，新建文档的页面格式都以单面单页形式显示。

"起始页码"选项：可以设置文档的起始页码。

"主文本框架"复选框：可以为多页文档创建常规的主页面。勾选此项后，InDesign CS6 会自动在所有页面上加上一个义本框。

"页面大小"选项：可以从选项的下拉列表中选择标准的页面设置，其中有 A3、A4、信纸等一系列固定的标准尺寸。也可以在"宽度"和"高度"选项的数值框中输入宽和高的值。页面大小代表页面外出血和其他标记被裁掉以后的成品尺寸。

"页面方向"选项：单击"纵向"按钮▣或"横向"按钮▣，页面方向会发生纵向或横向的变化。

"装订"选项：有两种装订方式可供选择，即向左翻或向右翻。单击"从左到右"按钮▣，将按照左边装订的方式装订；单击"从右到左"按钮▣，将按照右边装订的方式装订。一般文本横排的版面选择左边装订，文本竖排的版面选择右边装订。

单击"更多选项"按钮，弹出"出血和辅助信息区"设置区，如图 1-47 所示，可以设定出血及辅助信息区的尺寸。

图 1-46

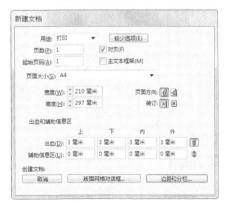

图 1-47

提　示　　出血是为了避免在裁切带有超出成品边缘的图片或背景的作品时，因裁切的误差而露出白边所采取的预防措施，通常是在成品页面外扩展 3 毫米。

单击"边距和分栏"按钮，弹出"新建边距和分栏"对话框。在对话框中，可以在"边距"设置区中设置页面边空的尺寸，分别设置"上""下""内""外"的值，如图 1-48 所示。在"栏"设置区中可以设置栏数、栏间距和排版方向。设置需要的数值后，单击"确定"按钮，新建一个页面。在新建的页面中，页边距所表示的"上""下""内""外"如图 1-49 所示。

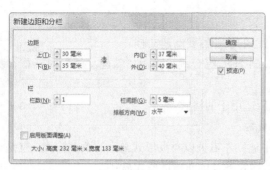

图 1-48

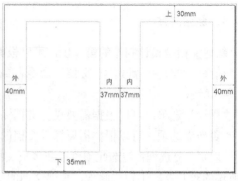

图 1-49

2. 打开文件

选择"文件 > 打开"命令，或按 Ctrl+O 组合键，弹出"打开文件"对话框，如图 1-50 所示。

在"查找范围"选项的下拉列表中选择要打开文件所在的位置并单击文件名。在"文件类型"选项的下拉列表中选择文件的类型。在"打开方式"选项组中，点选"正常"单选项，将正常打开文件；点选"原稿"单选项，将打开文件的原稿；点选"副本"单选项，将打开文件的副本。设置完成后，单击"打开"按钮，窗口就会显示打开的文件。也可以直接双击文件名来打开文件，如图 1-51 所示。

图 1-50

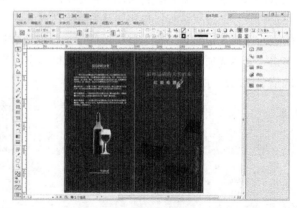

图 1-51

3. 保存文件

如果是新创建或无须保留原文件的出版物，可以使用"存储"命令直接进行保存。如果想要将打开的文件进行修改或编辑后，不替代原文件而进行保存，则需要使用"存储为"命令。

◎ 保存新创建文件

选择"文件 > 存储"命令，或按 Ctrl+S 组合键，弹出"存储为"对话框，在"保存在"选项的下拉列表中选择文件要保存的位置，在"文件名"选项的文本框中输入将要保存文件的文件名，在"保存类型"选项的下拉列表中选择文件保存的类型，如图 1-52 所示，单击"保存"按钮，将文件保存。

> **提　示**　第 1 次保存文件时，InDesign CS6 会提供一个默认的文件名"未命名-1"。

◎ 另存已有文件

选择"文件 > 存储为"命令，弹出"存储为"对话框，选择文件的保存位置并输入新的文件名，再选择保存类型，如图 1-53 所示，单击"保存"按钮，保存的文件不会替代原文件，而是以一个新的文件名另外进行保存。此命令可称为"换名存储"。

图 1-52

图 1-53

4. 关闭文件

选择"文件 > 关闭"命令，或按 Ctrl+W 组合键，文件将会被关闭。如果文档没有保存，将会弹出一个提示对话框，如图 1-54 所示。单击"是"按钮，将在关闭之前对文档进行保存；单击"否"按钮，在文档关闭时将不对文档进行保存；单击"取消"按钮，文档不会关闭，也不会进行保存操作。

图 1-54

1.3　操作图像

1.3.1　【训练目标】

通过窗口层叠显示命令，掌握窗口排列的方法。通过缩小文件，掌握图像的显示方式。通过更改图像的显示设置，掌握图像显示品质的切换方法。

1.3.2　【案例操作】

步骤 1 打开 InDesign CS6 软件，选择"文件 > 打开"命令，弹出"打开"对话框，选择云盘中的"Ch01 ＞ 效果 ＞ 绘制海岸插画"文件，单击"打开"按钮，打开文件，如图 1-55 所示。新建 3 个文件，并分别将椰子树、海水和背景复制到新建的文件中，如图 1-56～图 1-58 所示。

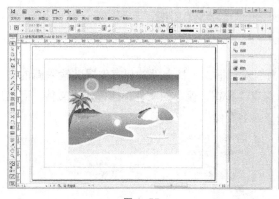

图 1-55

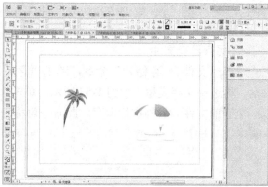

图 1-56

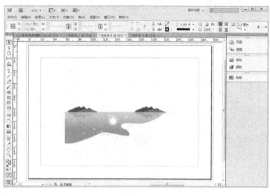

图 1-57

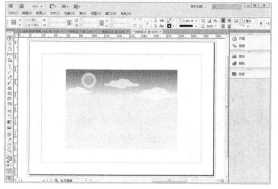

图 1-58

步骤 2 选择"窗口 ＞ 排列 ＞ 全部在窗口中浮动"命令，可将 4 个窗口在软件中层叠显示，如图 1-59 所示。单击"绘制海岸插画"窗口的标题栏，将该窗口显示在前面，如图 1-60 所示。

图 1-59

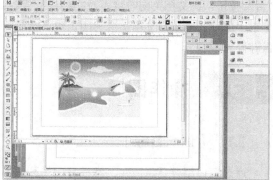

图 1-60

步骤 3 选择"缩放显示"工具，在绘图页面中单击，使页面放大，如图 1-61 所示。按住 Alt 键不放，多次单击缩小到适当的大小，如图 1-62 所示。

步骤 4 双击"抓手"工具 ，将图像调整为适合窗口大小显示，如图 1-63 所示。

图 1-61　　　　　　　　　　　　　　　　　　图 1-62

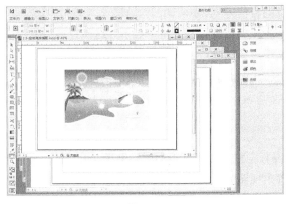

图 1-63

步骤 5 选择"视图 > 显示性能 > 快速显示"命令后，图像如图 1-64 所示。选择"视图 > 显示性能 > 高品质显示"命令后，图像如图 1-65 所示。

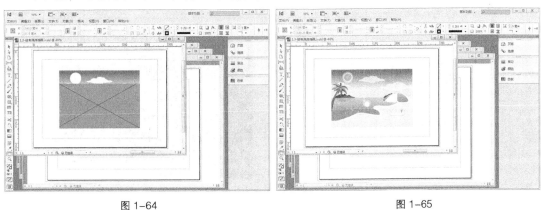

图 1-64　　　　　　　　　　　　　　　　　　图 1-65

1.3.3 【相关知识】

1. 图像的显示设置

图像的显示方式主要有快速显示、典型显示和高品质显示 3 种，如图 1-66 所示。

快速显示　　　　　　　　　　典型显示　　　　　　　　　高品质显示

图 1-66

快速显示是将栅格图或矢量图显示为灰色块。

典型显示是显示低分辨率的代理图像，用于点阵图或矢量图的识别和定位。典型显示是默认选项，是显示可识别图像的最快方式。

高品质显示是将栅格图或矢量图以高分辨率显示。这一选项提供最高的质量，但速度最慢。当需要做局部微调时，使用这一选项。

图像显示选项不会影响 InDesign 文档本身在输出或打印时的图像质量。在打印到 PostScript 设备或者导出为 EPS 或 PDF 文件时，最终的图像分辨率取决于在打印或导出时的输出选项。

2. 显示图像

"视图"菜单可以选择预定视图以显示页面或粘贴板。选择某个预定视图后，页面将保持此视图效果，直到再次改变预定视图为止。

◎ 显示整页

选择"视图 > 使页面适合窗口"命令，可以使页面适合窗口显示，如图 1-67 所示。选择"视图 > 使跨页适合窗口"命令，可以使对开页适合窗口显示，如图 1-68 所示。

 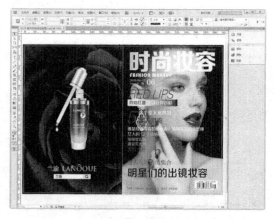

图 1-67　　　　　　　　　　　　　　　　　　　　图 1-68

◎ 显示实际大小

选择"视图 > 实际尺寸"命令，可以在窗口中显示页面的实际大小，也就是使页面 100% 地显示，如图 1-69 所示。

◎ 显示完整粘贴板

选择"视图 > 完整粘贴板"命令，可以查找或浏览全部粘贴板上的对象，此时屏幕中显示的是缩小的页面和整个粘贴板，如图 1-70 所示。

图 1-69

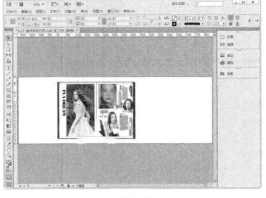

图 1-70

3. 放大或缩小页面视图

选择"视图 > 放大（或缩小）"命令，可以将当前页面视图放大或缩小，也可以选择"缩放显示"工具 。

当页面中的缩放工具图标变为 图标时，单击可以放大页面视图；按住 Alt 键时，页面中的缩放工具图标变为 图标，单击可以缩小页面视图。

选择"缩放显示"工具 ，按住鼠标左键沿着想放大的区域拖曳出一个虚线框，如图 1-71 所示，虚线框范围内的内容会被放大显示，效果如图 1-72 所示。

图 1-71

图 1-72

按 Ctrt++ 组合键，可以对页面视图按比例进行放大；按 Ctrl+ - 组合键，可以对页面视图按比例进行缩小。

在页面中单击鼠标右键，弹出图 1-73 所示的快捷菜单，在快捷菜单中可以选择命令对页面视图进行编辑。

选择"抓手"工具 ，在页面中按住鼠标左键拖曳可以对窗口中的页面进行移动。

图 1-73

4. 预览文档

通过工具箱中的预览工具来预览文档，如图 1-74 所示。

正常：单击工具箱底部的正常显示模式按钮▣，文档将以正常显示模式显示。

预览：单击工具箱底部的预览显示模式按钮▣，文档将以预览显示模式显示，可以显示文档的实际效果。

出血：单击工具箱底部的出血模式按钮▣，文档将以出血显示模式显示，可以显示文档及其出血部分的效果。

辅助信息区：单击工具箱底部的辅助信息区按钮▣，可以显示文档制作为成品后的效果。

演示文稿：单击工具箱底部的演示文稿按钮▣，InDesign 文档以演示文稿的形式显示。在演示文稿模式下，应用程序菜单、面板、参考线以及框架边缘都是隐藏的。

选择"视图 > 屏幕模式 > 预览"命令，如图 1-75 所示；也可显示预览效果，如图 1-76 所示。

图 1-74

图 1-75

图 1-76

5. 排列窗口

排版文件的窗口显示主要有层叠和平铺 2 种。

选择"窗口 > 排列 > 层叠"命令，可以将打开的几个排版文件层叠在一起，只显示位于窗口最上面的文件，如图 1-77 所示。如果想选择需要操作的文件，单击文件名就可以了。

选择"窗口 > 排列 > 平铺"命令，可以将打开的几个排版文件分别水平平铺显示在窗口中，效果如图 1-78 所示。

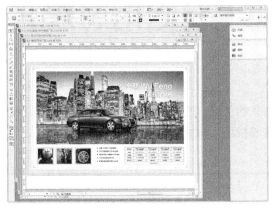

图 1-77

图 1-78

选择"窗口 > 排列 > 新建窗口"命令，可以将打开的文件复制一份。

6. 显示或隐藏框架边缘

InDesign CS6 在默认状态下，即使没有选定图形，也显示框架边缘，这样在绘制过程中就使页面显示拥挤，不易编辑。我们可以通过使用"隐藏框架边缘"命令隐藏框架边缘来简化屏幕显示。

在页面中绘制一个图形，如图 1-79 所示。选择"视图 > 其他 > 隐藏框架边缘"命令，隐藏页面中图形的框架边缘，效果如图 1-80 所示。

图 1-79

图 1-80

第2章 绘制和编辑图形对象

本章介绍 InDesign CS6 中绘制和编辑图形对象的功能。通过本章的学习，读者可以熟练掌握绘制、编辑、对齐、分布及组合图形对象的方法和技巧，绘制出漂亮的图形效果。

 课堂学习目标

- 掌握绘制图形的技巧
- 掌握编辑对象的方法
- 掌握组合图形对象的方法

2.1 绘制兔子头像

2.1.1 【案例分析】

图标是具有时代意义且具有标识性质的图形，它不仅是一种图形，更是一种标识，它具有高度浓缩并快捷传达信息、便于记忆的特性。图标的应用范围极为广泛，如网页上及公共场合无所不在，为生活提供了极大的便利。

扫码观看
本案例视频

2.1.2 【设计理念】

在设计思路上，由椭圆形、矩形等简单几何体构成，通过调整大小及颜色的搭配，形成一个卡通头像。

图 2-1

造型简洁可爱，易于分辨和记忆。最终效果参看云盘中的"Ch02 > 效果 > 绘制兔子头像"，如图 2-1 所示。

2.1.3 【案例操作】

步骤 1 选择"文件 > 新建 > 文档"命令，弹出"新建文档"对话框，设置如图 2-2 所示。单击"边距和分栏"按钮，弹出"新建边距和分栏"对话框，设置如图 2-3 所示。单击"确定"按钮，新建一个页面。选择"视图 > 其他 > 隐藏框架边缘"命令，将所绘制图形的框架边缘隐藏。

图 2-2

图 2-3

步骤 2　选择"椭圆"工具 ◉，在页面中绘制椭圆形，如图 2-4 所示，填充图形为白色，并设置描边色的 CMYK 值为 0、100、100、30，填充描边，效果如图 2-5 所示。

步骤 3　选择"窗口 > 描边"命令，弹出"描边"面板，选项的设置如图 2-6 所示，描边效果如图 2-7 所示。

图 2-4　　　　　图 2-5　　　　　图 2-6　　　　　图 2-7

步骤 4　选择"椭圆"工具 ◉，在适当的位置绘制椭圆形，如图 2-8 所示，设置图形填充色的 CMYK 值为 0、100、100、0，填充图形；并设置描边色的 CMYK 值为 0、100、100、30，填充描边，效果如图 2-9 所示。在"控制"面板中将"描边粗细"选项 ⇅ 0.283 ▼ 设为 3 点，按 Enter 键，效果如图 2-10 所示。

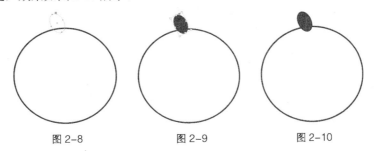

图 2-8　　　　　图 2-9　　　　　图 2-10

步骤 5　选择"选择"工具 ▶，选取图形，按住 Alt 键的同时，向右拖曳图形到适当的位置，复制图形，效果如图 2-11 所示。单击"控制"面板中的"水平翻转"按钮 ◫，水平翻转图形，效果如图 2-12 所示。

步骤 6　保持图形的选取状态，按住 Shift 键的同时，向内拖曳控制手柄调整图形的大小，效果如图 2-13 所示。按住 Shift 键的同时，选取原图形，按 Ctrl+ [组合键，将图形后移一层，效果如图 2-14 所示。

步骤 7　选择"椭圆"工具 ◉，在适当的位置绘制椭圆形，如图 2-15 所示。设置图形填充色的 CMYK 值为 0、13、35、0，填充图形；并设置描边色的 CMYK 值为 0、100、100、30，在

"控制"面板中将"描边粗细"选项  设为 4 点，按 Enter 键，效果如图 2-16 所示。

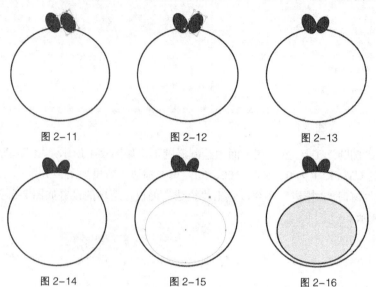

图 2-11　　　　　图 2-12　　　　　图 2-13

图 2-14　　　　　图 2-15　　　　　图 2-16

步骤 8　双击"多边形"工具，弹出"多边形设置"对话框，选项的设置如图 2-17 所示。单击"确定"按钮。按住 Shift 键的同时，在适当的位置绘制五角星，如图 2-18 所示。

步骤 9　保持图形选取状态，设置图形填充色的 CMYK 值为 0、100、100、0，填充图形，并设置描边色为无，效果如图 2-19 所示。选择"选择"工具，选取图形，按住 Alt 键的同时，向右拖曳图形到适当的位置，复制图形，并调整其大小，效果如图 2-20 所示。

图 2-17

图 2-18　　　　　图 2-19　　　　　图 2-20

步骤 10　双击"多边形"工具，弹出"多边形设置"对话框，选项的设置如图 2-21 所示。单击"确定"按钮。按住 Shift 键的同时，在适当的位置绘制六边形，如图 2-22 所示。

图 2-21　　　　　　　　图 2-22

步骤 11 保持图形选取状态，设置图形填充色的 CMYK 值为 0、0、100、0，填充图形；并设置描边色的 CMYK 值为 0、100、100、30，填充描边，效果如图 2-23 所示。在"控制"面板中将"描边粗细"选项 `0.283` 设为 3 点，按 Enter 键，效果如图 2-24 所示。

步骤 12 选择"椭圆"工具，在适当的位置绘制椭圆形，如图 2-25 所示。选择"矩形"工具，在适当的位置绘制矩形，如图 2-26 所示。

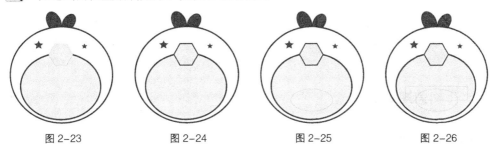

图 2-23　　　　　图 2-24　　　　　图 2-25　　　　　图 2-26

步骤 13 选择"选择"工具，按住 Shift 键的同时，将所绘制的图形同时选取，如图 2-27 所示。选择"对象 > 路径查找器 > 减去"命令，生成新的对象，效果如图 2-28 所示。设置图形填充色的 CMYK 值为 0、100、100、30，填充图形，并设置描边色为无，效果如图 2-29 所示。

图 2-27　　　　　　图 2-28　　　　　　图 2-29

步骤 14 选择"矩形"工具，在适当的位置绘制矩形，填充图形为白色，并设置描边色为无，效果如图 2-30 所示。选择"选择"工具，按住 Alt+Shift 组合键的同时，水平向右拖曳图形到适当的位置，复制图形，效果如图 2-31 所示。

步骤 15 选择"椭圆"工具，按住 Shift 键的同时，在适当的位置绘制圆形，设置图形填充色的 CMYK 值为 0、100、100、30，填充图形，并设置描边色为无，效果如图 2-32 所示。

图 2-30　　　　　　图 2-31　　　　　　图 2-32

步骤 16 选择"选择"工具，按住 Alt+Shift 组合键的同时，水平向右拖曳图形到适当的位置，复制图形，效果如图 2-33 所示。选择"椭圆"工具，在适当的位置绘制椭圆形，设置图形填充色的 CMYK 值为 0、60、35、0，填充图形，并设置描边色为无，效果如图 2-34 所示。选择"选择"工具，按住 Alt+Shift 组合键的同时，水平向右拖曳图形到适当的位置，复制图形，效果如图 2-35 所示。

图 2-33　　　　　　　　图 2-34　　　　　　　　图 2-35

2.1.4 【相关知识】

1. 矩形和正方形

◎ 使用鼠标直接拖曳绘制矩形

选择"矩形"工具，鼠标指针会变成 形状，按下鼠标左键，拖曳到合适的位置，如图 2-36 所示，松开鼠标左键，绘制出一个矩形，如图 2-37 所示。指针的起点与终点处决定着矩形的大小。按住 Shift 键的同时，再进行绘制，可以绘制出一个正方形，如图 2-38 所示。

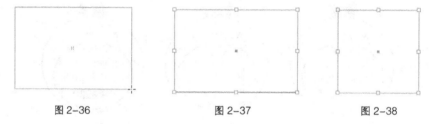

图 2-36　　　　　　　　图 2-37　　　　　　　　图 2-38

按住 Shift+Alt 组合键的同时，在绘图页面中拖曳鼠标指针，以当前点为中心绘制正方形。

◎ 使用对话框精确绘制矩形

选择"矩形"工具，在页面中单击，弹出"矩形"对话框，在对话框中可以设定所要绘制矩形的宽度和高度。

设置需要的数值，如图 2-39 所示，单击"确定"按钮，在页面单击处出现需要的矩形，如图 2-40 所示。

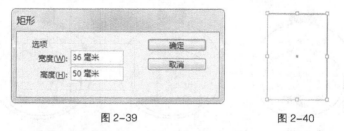

图 2-39　　　　　　　　　　　　图 2-40

◎ 使用角选项制作矩形角的变形

选择"选择"工具，选取绘制好的矩形，选择"对象 > 角选项"命令，弹出"角选项"对话框。在"转角大小"文本框中输入值以指定角效果到每个角点的扩展半径，在"形状"选项中分别选取需要的角形状，单击"确定"按钮，效果如图 2-41 所示。

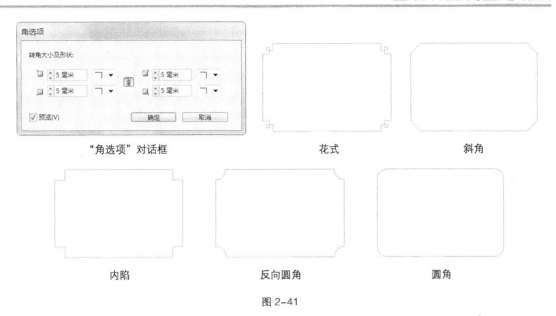

"角选项"对话框　　　　　　　　花式　　　　　　　　斜角

内陷　　　　　　　　反向圆角　　　　　　　　圆角

图 2-41

◎ **使用直接拖曳制作矩形角的变形**

选择"选择"工具 ，选取绘制好的矩形，如图 2-42 所示，在矩形的黄色点上单击，如图 2-43 所示，上、下、左、右四个点处于可编辑状态，如图 2-44 所示，向内拖曳其中任意的一个点，如图 2-45 所示，可对矩形角进行变形，松开鼠标，效果如图 2-46 所示。按住 Alt 键的同时，单击任意一个黄色点，可在 5 种角中交替变形，如图 2-47 所示。按住 Alt+Shift 组合键的同时，单击其中的一个黄色点，可使选取的点在 5 种角中交替变形，如图 2-48 所示。

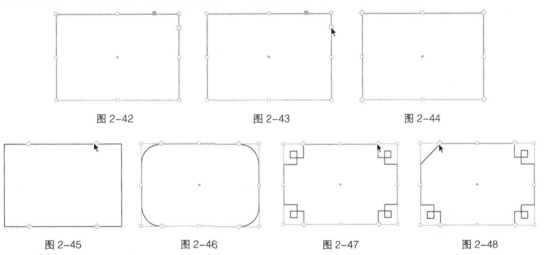

图 2-42　　　　　　　　图 2-43　　　　　　　　图 2-44

图 2-45　　　　图 2-46　　　　图 2-47　　　　图 2-48

2. 椭圆形和圆形

◎ **使用鼠标直接拖曳绘制椭圆形**

选择"椭圆"工具 ，鼠标指针会变成 形状，按下鼠标左键，拖曳到合适的位置，如图 2-49 所示，松开鼠标左键，绘制出一个椭圆形，如图 2-50 所示。指针的起点与终点处决定着椭圆形的大小和形状。按住 Shift 键的同时，再进行绘制，可以绘制出一个圆形，如图 2-51 所示。

按住 Alt+Shift 组合键的同时，将在绘图页面中以当前点为中心绘制圆形。

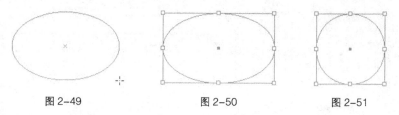

图 2-49　　　　　　　图 2-50　　　　　　　图 2-51

◎　**使用对话框精确绘制椭圆形**

选择"椭圆"工具，在页面中单击，弹出"椭圆"对话框，在对话框中可以设定所要绘制椭圆的宽度和高度。

设置需要的数值，如图 2-52 所示，单击"确定"按钮，在页面单击处出现需要的椭圆形，如图 2-53 所示。

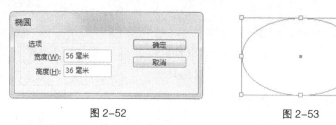

图 2-52　　　　　　　　　　　图 2-53

椭圆形和圆形可以应用角效果，但是不会有任何变化，因其没有拐点。

3.　多边形

◎　**使用鼠标直接拖曳绘制多边形**

选择"多边形"工具，鼠标指针会变成┼形状。按下鼠标左键，拖曳到适当的位置，如图 2-54 所示，松开鼠标左键，绘制出一个多边形，如图 2-55 所示。指针的起点与终点处决定着多边形的大小和形状。软件默认的边数值为 6。按住 Shift 键的同时，再进行绘制，可以绘制出一个正多边形，如图 2-56 所示。

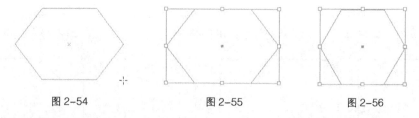

图 2-54　　　　　　　图 2-55　　　　　　　图 2-56

按住 Alt+Shift 组合键的同时，将在绘图页面中以当前点为中心绘制正多边形。

◎　**使用对话框精确绘制多边形**

双击"多边形"工具，弹出"多边形设置"对话框，在"边数"选项中，可以通过改变数值框中的数值或单击微调按钮来设置多边形的边数。设置需要的数值，如图 2-57 所示，单击"确定"按钮，在页面中拖曳鼠标，绘制出需要的多边形，如图 2-58 所示。

图 2-57

选择"多边形"工具，在页面中单击，弹出"多边形"对话框，在对话框中可以设置所要绘制的多边形的宽度、高度和边数。设置需要的数值，如图 2-59 所示，单击"确定"按钮，在页面单击处出现需要的多边形，如图 2-60 所示。

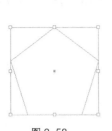

图 2-58

图 2-59

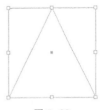

图 2-60

◎ **使用角选项制作多边形角的变形**

选择"选择"工具，选取绘制好的多边形，选择"对象 > 角选项"命令，弹出"角选项"对话框，在"形状"选项中分别选取需要的角效果，单击"确定"按钮，效果如图 2-61 所示。

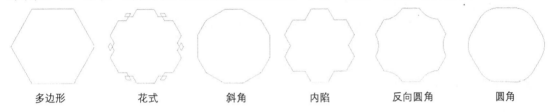

多边形　　　　花式　　　　斜角　　　　内陷　　　　反向圆角　　　　圆角

图 2-61

4. 星形

◎ **使用多边形工具绘制星形**

双击"多边形"工具，弹出"多边形设置"对话框，在"边数"选项中，可以通过改变数值框中的数值或单击微调按钮来设置多边形的边数；在"星形内陷"选项中，可以通过改变数值框中的数值或单击微调按钮来设置多边形尖角的锐化程度。

图 2-62

设置需要的数值，如图 2-62 所示，单击"确定"按钮，在页面中拖曳鼠标指针，绘制出需要的五角形，如图 2-63 所示。

选择"多边形"工具，在页面中单击，弹出"多边形"对话框，在对话框中可以设置所要绘制星形的宽度和高度、边数和星形内陷。

设置需要的数值，如图 2-64 所示，单击"确定"按钮，在页面单击处出现需要的八角形，如图 2-65 所示。

图 2-63

图 2-64

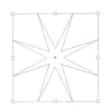

图 2-65

◎ **使用角选项制作星形角的变形**

选择"选择"工具，选取绘制好的星形，选择"对象 > 角选项"命令，弹出"角选项"

对话框，在"效果"选项中分别选取需要的角效果，单击"确定"按钮，效果如图 2-66 所示。

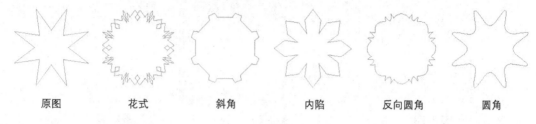

| 原图 | 花式 | 斜角 | 内陷 | 反向圆角 | 圆角 |

图 2-66

5. 形状之间的转换

◎ 使用菜单栏进行形状之间的转换

选择"选择"工具 ，选取需要转换的图形，选择"对象 > 转换形状"命令，在弹出的子菜单中包括矩形、圆角矩形、斜角矩形、反向圆角矩形、椭圆、三角形、多边形、线条和正交直线命令，如图 2-67 所示。

选择"选择"工具 ，选取需要转换的图形，选择"对象 > 转换形状"命令，分别选择其子菜单中的命令，效果如图 2-68 所示。

图 2-67

| 原图（矩形） | 圆角矩形 | 斜角矩形 | 反向圆角矩形 |

| 椭圆 | 三角形 | 多边形 | 线条 | 正交直线 |

图 2-68

提 示 若原图为线条，是不能和其他形状转换的。

◎ 使用面板在形状之间转换

选择"选择"工具 ，选取需要转换的图形，选择"窗口 > 对象和版面 > 路径查找器"命令，弹出"路径查找器"面板，如图 2-69 所示。单击"转换形状"选项组中的按钮，可在形状之间互相转换。

图 2-69

2.1.5 【实战演练】绘制图标

使用矩形工具、角选项命令和渐变色板工具制作圆角矩形；使用椭圆工具和描边粗细选项绘制圆形；使用复制命令和原位粘贴命令复制粘贴图形；使用矩形工具、X 切变角度选项、垂直翻转按钮和再制命令制作箭头图形。最终效果参看云盘中的"Ch02 > 效果 > 绘制图标"，如图 2-70 所示。

扫码观看
本案例视频

图 2-70

2.2 绘制机器人

2.2.1 【案例分析】

机器人卡通形象，体现出机器人机械化的特点的同时，圆角矩形等几何图形的运用，使整个图案显得温馨可爱。

2.2.2 【设计理念】

在设计思路上，选用粉色为主色调，改变了机器人坚硬冰冷的形象。通过搭配生动的颜色表现出机器人的俏皮与可爱。最终效果参看云盘中的"Ch02 > 效果 > 绘制机器人"，如图 2-71 所示。

2.2.3 【案例操作】

图 2-71

1. 绘制背景

步骤 1 选择"文件 > 新建 > 文档"命令，弹出"新建文档"对话框，设置如图 2-72 所示。单击"边距和分栏"按钮，弹出"新建边距和分栏"对话框，设置如图 2-73 所示。单击"确定"按钮，新建一个页面。选择"视图 > 其他 > 隐藏框架边缘"命令，将所绘制图形的框架边缘隐藏。

扫码观看
本案例视频01

图 2-72

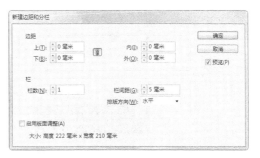

图 2-73

步骤 2 选择"直线"工具，在页面中绘制斜线，如图 2-74 所示。按住 Alt+Shift 组合键的同时，水平向左拖曳斜线到适当的位置，复制斜线，如图 2-75 所示。连续按 Ctrl+Alt+4 组合键，按需要复制多条斜线，效果如图 2-76 所示。

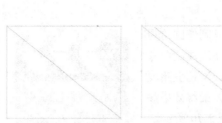

图 2-74   图 2-75   图 2-76

步骤 **3** 选择"矩形"工具 ▣，在页面下方绘制矩形，设置图形填充色的 CMYK 值为 36、0、0、0，填充图形，并设置描边色为无，效果如图 2-77 所示。

步骤 **4** 保持图形选取状态。按 Ctrl+C 组合键，复制图形，选择"编辑 > 原位粘贴"命令，原位粘贴图形。选择"选择"工具 ▶，向下拖曳矩形上边中间的控制手柄到适当的位置，调整其大小。设置图形填充色的 CMYK 值为 73、0、5、53，填充图形，效果如图 2-78 所示。

图 2-77   图 2-78

2. 绘制头部和五官

步骤 **1** 选择"椭圆"工具 ⬭，按住 Shift 键的同时，在适当的位置绘制圆形，填充图形为黑色，并设置描边色为无，效果如图 2-79 所示。按住 Alt+Shift 组合键的同时，水平向右拖曳图形到适当的位置，复制图形，效果如图 2-80 所示。

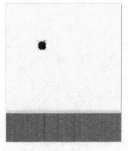

图 2-79   图 2-80

步骤 **2** 双击"多边形"工具 ⬟，弹出"多边形设置"对话框，选项的设置如图 2-81 所示，单击"确定"按钮。按住 Shift 键的同时，在适当的位置绘制多角星形，如图 2-82 所示。设置图形填充色的 CMYK 值为 16、14、25、0，填充图形，并设置描边色为无，效果如图 2-83 所示。

图 2-81

图 2-82

图 2-83

步骤 3 选择"矩形"工具 🔲，在适当的位置绘制矩形，如图 2-84 所示。设置图形填充色的 CMYK 值为 0、48、0、0，填充图形，并设置描边色为无，效果如图 2-85 所示。

步骤 4 选择"对象 > 角选项"命令，弹出"角选项"对话框，选项的设置如图 2-86 所示，单击"确定"按钮，效果如图 2-87 所示。

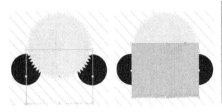

图 2-84 　　　 图 2-85

图 2-86

图 2-87

步骤 5 选择"椭圆"工具 ⬭，按住 Shift 键同时，在适当的位置绘制圆形，填充图形为白色，并设置描边色为无，效果如图 2-88 所示。双击"缩放"工具 📐，弹出"缩放"对话框，选项的设置如图 2-89 所示。单击"复制"按钮，填充图形为黑色，并微调到适当的位置，效果如图 2-90 所示。

图 2-88

图 2-89 　　　 图 2-90

步骤 6 选择"选择"工具 ▶，按住 Shift 键的同时，将圆形同时选取，如图 2-91 所示。按 Ctrl+G 组合键，将其编组，如图 2-92 所示。

步骤 7 按住 Alt+Shift 组合键的同时，水平向右拖曳图形到适当的位置，复制图形。单击"控制"面板中的"水平翻转"按钮 🔄，水平翻转图形，效果如图 2-93 所示。

图 2-91 　　　　　　 图 2-92 　　　　　　 图 2-93

步骤 8 选择"椭圆"工具 ⬭，在适当的位置绘制椭圆形，设置图形填充色的 CMYK 值为 16、

14、25、0，填充图形，并设置描边色为无，效果如图 2-94 所示。

步骤 9 选择"矩形"工具▣，在适当的位置绘制矩形，如图 2-95 所示。设置图形填充色的 CMYK 值为 100、80、54、0，填充图形，并设置描边色为无，效果如图 2-96 所示。

| 图 2-94 | 图 2-95 | 图 2-96 |

3. 绘制身体

步骤 1 选择"选择"工具▶，选取上方圆角矩形，如图 2-97 所示。按住 Alt+Shift 组合键的同时，向下拖曳图形到适当的位置，复制图形，并调整其大小，效果如图 2-98 所示。

步骤 2 选择"选择"工具▶，选取上方圆角矩形，如图 2-99 所示。按住 Alt+Shift 组合键的同时，向下拖曳图形到适当的位置，复制图形，填充图形为白色，效果如图 2-100 所示。

扫码观看
本案例视频03

| 图 2-97 | 图 2-98 | 图 2-99 | 图 2-100 |

步骤 3 选择"矩形"工具▣，在适当的位置绘制矩形，如图 2-101 所示。设置图形填充色的 CMYK 值为 100、80、54、0，填充图形，并设置描边色为无，效果如图 2-102 所示。

步骤 4 选择"对象 > 角选项"命令，弹出"角选项"对话框，选项的设置如图 2-103 所示，单击"确定"按钮，效果如图 2-104 所示。

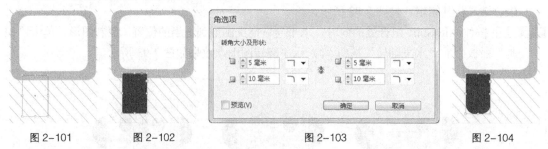

| 图 2-101 | 图 2-102 | 图 2-103 | 图 2-104 |

步骤 5 选择"选择"工具▶，连续 2 次按 Ctrl+[组合键，将图形后移至适当的位置，如图 2-105 所示。按住 Alt+Shift 组合键的同时，水平向右拖曳图形到适当的位置，复制图形，效果如图 2-106 所示。

步骤 6 选择"矩形"工具 ，在适当的位置绘制矩形，如图 2-107 所示。设置图形填充色的 CMYK 值为 0、48、0、0，填充图形，并设置描边色为无，效果如图 2-108 所示。

步骤 7 选择"椭圆"工具 ，在适当的位置绘制椭圆形，如图 2-109 所示。设置图形填充色的 CMYK 值为 0、48、0、0，填充图形，并设置描边色为无，效果如图 2-110 所示。

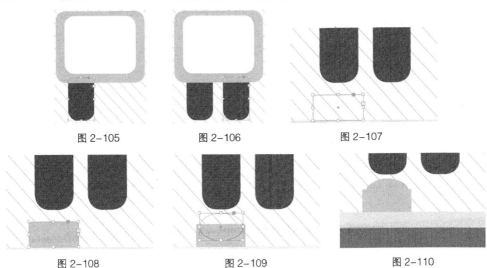

图 2-105　　　　　　　图 2-106　　　　　　　图 2-107

图 2-108　　　　　　　图 2-109　　　　　　　图 2-110

步骤 8 选择"选择"工具 ，按住 Shift 键的同时，依次选取图形，如图 2-111 所示，按 Ctrl+G 组合键，将图形编组，如图 2-112 所示。按住 Alt+Shift 组合键的同时，水平向右拖曳图形到适当的位置，复制图形，效果如图 2-113 所示。

图 2-111　　　　　　　图 2-112　　　　　　　图 2-113

4. 绘制手部

步骤 1 选择"矩形"工具 ，在适当的位置绘制矩形，如图 2-114 所示。设置图形填充色的 CMYK 值为 0、0、21、0，填充图形，并设置描边色为无，效果如图 2-115 所示。选择"对象 > 角选项"命令，弹出"角选项"对话框，选项的设置如图 2-116 所示。单击"确定"按钮，效果如图 2-117 所示。

扫码观看
本案例视频04

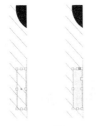

图 2-114　图 2-115　　　　　　　　图 2-116　　　　　　　图 2-117

步骤 2 选择"旋转"工具 ，按住 Alt 键的同时，拖曳旋转中点到适当的位置，如图 2-118 所示。松开鼠标左键，弹出"旋转"对话框，选项的设置如图 2-119 所示，单击"复制"按钮，效果如图 2-120 所示。连续按 Ctrl+Alt+4 组合键，按需要复制多个图形，效果如图 2-121 所示。

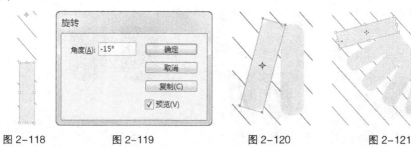

图 2-118　　　　　图 2-119　　　　　　图 2-120　　　　　　图 2-121

步骤 3 选择"椭圆"工具 ，按住 Shift 键的同时，在适当的位置绘制圆形，如图 2-122 所示。设置图形填充色的 CMYK 值为 16、14、25、0，填充图形，并设置描边色为无，效果如图 2-123 所示。

步骤 4 选择"选择"工具 ，按住 Shift 键的同时，将所绘制的图形同时选取，如图 2-124 所示，按 Ctrl+G 组合键，将其编组，效果如图 2-125 所示。

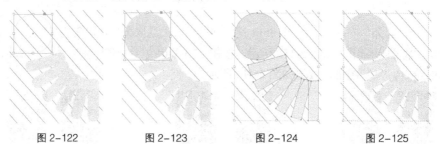

图 2-122　　　　　图 2-123　　　　　　图 2-124　　　　　　图 2-125

步骤 5 按住 Alt+Shift 组合键的同时，水平向右拖曳编组图形到适当的位置，复制图形，效果如图 2-126 所示。单击"控制"面板中的"水平翻转"按钮 ，水平翻转图形，效果如图 2-127 所示。再单击"垂直翻转"按钮 ，垂直翻转图形，效果如图 2-128 所示。

步骤 6 选择"选择"工具 ，按住 Shift 键的同时，垂直向下拖曳图形到适当的位置，效果如图 2-129 所示。卡通机器人绘制完成，效果如图 2-130 所示。

图 2-126

图 2-127　　　　　图 2-128　　　　　　图 2-129　　　　　　图 2-130

2.2.4 【相关知识】

1. 选取对象和取消选取

在 InDesign CS6 中，当对象呈选取状态时，在对象的周围出现限位框（又称为外框）。限位框是代表对象水平和垂直尺寸的矩形框。对象的选取状态如图 2-131 所示。

当同时选取多个图形对象时，对象保留各自的限位框，选取状态如图 2-132 所示。

图 2-131　　　　　　　　图 2-132

要取消对象的选取状态，只要在页面中的空白位置单击即可。

◎ **使用"选择"工具选取对象**

选择"选择"工具 ，在要选取的图形对象上单击，即可选取该对象。如果该对象是未填充的路径，则单击它的边缘即可选取。

选取多个图形对象时，按住 Shift 键的同时，依次单击各个对象，如图 2-133 所示。

选择"选择"工具 ，在页面中要选取的图形对象外围拖曳鼠标，出现虚线框如图 2-134 所示，虚线框接触到的对象都将被选取，如图 2-135 所示。

图 2-133　　　　　　　图 2-134　　　　　　　图 2-135

◎ **使用"直接选择"工具选取对象**

选择"直接选择"工具 ，拖曳鼠标圈选图形对象，如图 2-136 所示，对象被选取，但被选取的对象不显示限位框，只显示锚点，如图 2-137 所示。

选择"直接选择"工具 ，在图形对象的某个锚点上单击，该锚点被选取，如图 2-138 所示。按住鼠标左键拖曳选取的锚点到适当的位置，如图 2-139 所示。松开鼠标左键，改变对象的形状，如图 2-140 所示。

图 2-136　　　　图 2-137　　　　图 2-138　　　　图 2-139　　　　图 2-140

中等职业教育数字艺术类规划教材

按住 Shift 键的同时，单击需要的锚点，可选取多个锚点。

选择"直接选择"工具 ，在图形对象内单击，选取状态如图 2-141 所示。在中心点再次单击，选取整个图形，如图 2-142 所示。按住鼠标左键将其拖曳到适当的位置，如图 2-143 所示，松开鼠标左键，移动对象。

图 2-141　　　　　　　　图 2-142　　　　　　　　图 2-143

选择"直接选择"工具 ，单击图片的限位框，如图 2-144 所示。再单击中心点，如图 2-145 所示。按住鼠标左键将其拖曳到适当的位置，如图 2-146 所示。松开鼠标左键，则只移动限位框，框内的图片没有移动，效果如图 2-147 所示。

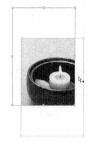

图 2-144　　　　　　图 2-145　　　　　　图 2-146　　　　　　图 2-147

当鼠标指针置于图片之上时，"直接选择"工具 会自动变为"抓手"工具 ，如图 2-148 所示。在图形上单击，可选取限位框内的图片，如图 2-149 所示。按住鼠标左键拖曳图片到适当的位置，如图 2-150 所示。松开鼠标左键，则只移动图片，限位框没有移动，效果如图 2-151 所示。

图 2-148　　　　　　图 2-149　　　　　　图 2-150　　　　　　图 2-151

◎　使用控制面板选取对象

单击"控制"面板中的"选择上一对象"按钮 或"选择下一对象"按钮 ，可选取当前对象的上一个对象或下一个对象。单击"选择内容"按钮 ，可选取限位框中的图片。选择"选择容器"按钮 ，可以选取限位框。

2. 缩放对象

◎ 使用工具箱中的工具缩放对象

选择"选择"工具 ，选取要缩放的对象，对象的周围出现限位框，如图 2-152 所示。选择"自由变换"工具 ，拖曳对象右上角的控制手柄，如图 2-153 所示，松开鼠标左键，对象的缩放效果如图 2-154 所示。

图 2-152　　　　　　　　　　图 2-153　　　　　　　　　　图 2-154

选择"选择"工具 ，选取要缩放的对象，选择"缩放"工具 ，对象的中心会出现缩放对象的中心控制点，单击并拖曳中心控制点到适当的位置，如图 2-155 所示，再拖曳对角线上的控制手柄到适当的位置，如图 2-156 所示，松开鼠标左键，对象的缩放效果如图 2-157 所示。

图 2-155　　　　　　　　　　图 2-156　　　　　　　　　　图 2-157

◎ 使用控制面板缩放对象

选择"选择"工具 ，选取要缩放的对象，如图 2-158 所示，"控制"面板如图 2-159 所示。在"控制"面板中，若单击"约束宽度和高度的比例"按钮 ，可以按比例缩放对象的限位框。其他选项的设置与"变换"面板中的相同，故这里不再赘述。

设置需要的数值，如图 2-160 所示，按 Enter 键确定操作，效果如图 2-161 所示。

图 2-158

图 2-159

图 2-160

图 2-161

> **提　示**　拖曳对角线上的控制手柄时，按住 Shift 键，对象会按比例缩放。按住 Shift+Alt 组合键，对象会按比例从对象中心缩放。

3. 移动对象

◎ 使用键盘和工具箱中的工具移动对象

选择"选择"工具 ，选取要移动的对象，如图 2-162 所示。在对象上单击并按住鼠标左键不放，拖曳到适当的位置，如图 2-163 所示。松开鼠标左键，对象移动到需要的位置，效果如图 2-164 所示。

图 2-162

图 2-163

图 2-164

选择"选择"工具，选取要移动的对象，如图 2-165 所示。双击"选择"工具，弹出"移动"对话框，如图 2-166 所示。在对话框中，"水平"和"垂直"文本框分别可以设置对象在水平方向和垂直方向上移动的数值；"距离"文本框可以设置对象移动的距离；"角度"文本框可以设置对象移动或旋转的角度。若单击"复制"按钮，可复制出多个移动对象。

图 2-165

设置需要的数值，如图 2-167 所示，单击"确定"按钮，效果如图 2-168 所示。

图 2-166

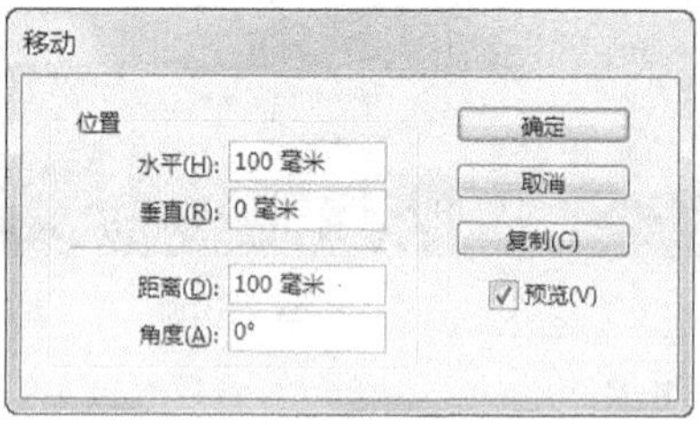

图 2-167

图 2-168

选取要移动的对象，用方向键可以微调对象的位置。

4. 镜像对象

◎ 使用控制面板镜像对象

选择"选择"工具，选取要镜像的对象，如图 2-169 所示。单击"控制"面板中的"水平翻转"按钮，可使对象沿水平方向翻转镜像，效果如图 2-170 所示。单击"垂直翻转"按钮，可使对象沿垂直方向翻转镜像。

选取要镜像的对象，选择"缩放"工具，在图片上适当的位置单击，将镜像中心控制点置于适当的位置，如图 2-171 所示。单击"控制"面板中的"水平翻转"按钮，可使对象以中心控制点为中心水平翻转镜像，效果如图 2-172 所示。单击"垂直翻转"按钮，可使对象以中心控制点为中心垂直翻转镜像。

图 2-169

图 2-170

图 2-171

图 2-172

◎ 使用菜单命令镜像对象

选择"选择"工具 ，选取要镜像的对象。选择"对象 > 变换 > 水平翻转"命令，可使对象水平翻转；选择"对象 > 变换 > 垂直翻转"命令，可使对象垂直翻转。

> **提 示** 在镜像对象的过程中，只能使对象本身产生镜像。想要在镜像的位置生成一个对象的复制品，必须先在原位复制一个对象。

5. 旋转对象

◎ 使用工具箱中的工具旋转对象

选取要旋转的对象，如图 2-173 所示。选择"自由变换"工具 ，对象的四周出现限位框，将鼠标指针放在限位框的外围，变为旋转符号 ，按下鼠标左键拖曳对象，如图 2-174 所示。旋转到需要的角度后松开鼠标左键，对象的旋转效果如图 2-175 所示。

图 2-173

图 2-174

图 2-175

选取要旋转的对象，如图 2-176 所示。选择"旋转"工具 ，对象的中心点出现旋转中心图标 ，如图 2-177 所示。将鼠标指针移动到旋转中心上，按下鼠标左键拖曳旋转中心到需要的位置，如图 2-178 所示。在所选对象外围拖曳鼠标旋转对象，效果如图 2-179 所示。

图 2-176

图 2-177

图 2-178

图 2-179

◎ 使用控制面板旋转对象

选择"选择"工具 ，选取要旋转的对象，在"控制"面板中的"旋转角度" 文本框中设置对象需要旋转的角度，按 Enter 键确认操作。

单击"顺时针旋转 90°"按钮 ，可将对象顺时针旋转 90°；单击"逆时针旋转 90°"按钮 ，可将对象逆时针旋转 90°。

◎ 使用菜单命令旋转对象

选取要旋转的对象，如图 2-180 所示。选择"对象 > 变换 > 旋转"命令或双击"旋转"工具 ，弹出"旋转"对话框，如图 2-181 所示。在"角度"文本框中可以直接输入对象旋转的角度，旋转角度可以是正值也可以是负值，对象将按指定的角度旋转。

图 2-180

设置需要的数值，如图 2-182 所示，单击"确定"按钮，效果如图 2-183 所示。

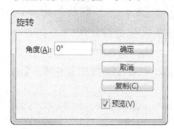

图 2-181 　　　　图 2-182 　　　　图 2-183

6. 倾斜变形对象

◎ 使用工具箱中的工具倾斜变形对象

选取要倾斜变形的对象，如图 2-184 所示。选择"切变"工具 ，用鼠标拖曳变形对象，如图 2-185 所示。倾斜到需要的角度后松开鼠标左键，倾斜变形效果如图 2-186 所示。

图 2-184 　　　　图 2-185 　　　　图 2-186

◎ 使用控制面板倾斜变形对象

选择"选择"工具 ，选取要倾斜的对象，在"控制"面板的"X 切变角度" 文本框中设置对象需要倾斜的角度，按 Enter 键确定操作，对象按指定的角度倾斜。

◎ 使用菜单命令倾斜变形对象

选取要倾斜变形的对象，如图 2-187 所示。选择"对象 > 变换 > 切变"命令，弹出"切变"对话框，如图 2-188 所示。在"切变角度"文本框中可以设置对象切变的角度。在"轴"选项组中，点选"水平"单选项，对象可以水平倾斜；点选"垂直"单选项，对象可以垂直倾斜。"复制"按钮用于在原对象上复制多个倾斜的对象。

设置需要的数值，如图 2-189 所示，单击"确定"按钮，效果如图 2-190 所示。

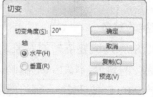

图 2-187 　　　　图 2-188 　　　　图 2-189 　　　　图 2-190

7. 复制对象

◎ 使用菜单命令复制对象

选取要复制的对象，如图 2-191 所示。选择"编辑 > 复制"命令，或按 Ctrl+C 组合键，对象的副本将被放置在剪贴板中。

选择"编辑 > 粘贴"命令，或按 Ctrl+V 组合键，对象的副本将被粘贴到页面中。选择"选择"工具 ，将其拖曳到适当的位置，效果如图 2-192 所示。

◎ 使用鼠标右键弹出式菜单命令复制对象

选取要复制的对象，如图 2-193 所示。在对象上单击鼠标右键，弹出快捷菜单，选择"变换 > 移动"命令，如图 2-194 所示，弹出"移动"对话框，设置需要的数值，如图 2-195 所示。单击"复制"按钮，可以在选中的对象上复制一个对象，效果如图 2-196 所示。

在对象上再次单击鼠标右键，弹出快捷菜单，选择"再次变换 > 再次变换序列"命令，或按 Ctrl+Alt+4 组合键，对象可按"移动"对话框中的设置再次进行复制，效果如图 2-197 所示。

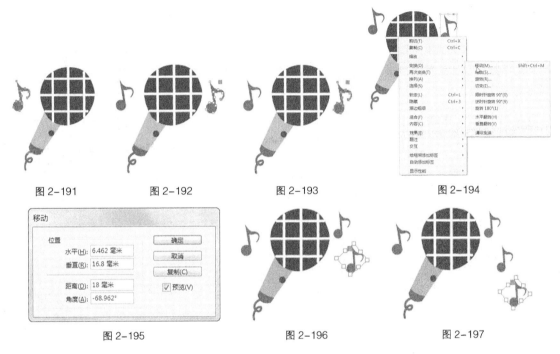

图 2-191　　　　　图 2-192　　　　　图 2-193　　　　　图 2-194

图 2-195　　　　　　　　图 2-196　　　　　　图 2-197

◎ 使用鼠标拖曳方式复制对象

选取要复制的对象，按住 Alt 键的同时，在对象上拖曳鼠标，对象的周围出现灰色框指示移动的位置，移动到需要的位置后，松开鼠标左键，再松开 Alt 键，可复制出一个选取对象。

8. 删除对象

选取要删除的对象，选择"编辑 > 清除"命令，或按 Delete 键，可以将选取的对象删除。如果想删除多个或全部对象，首先要选取这些对象，再执行"清除"命令。

9. 撤销和恢复对对象的操作

◎ 撤销对对象的操作

选择"编辑 > 还原"命令，或按 Ctrl+Z 组合键，可以撤销上一次的操作。连续按快捷键，可以连续撤销原来的操作。

◎ 恢复对对象的操作

选择"编辑 > 重做"命令，或按 Shift+Ctrl+Z 组合键，可以恢复上一次的操作。如果连续按两次快捷键，即恢复两步操作。

中
等
职
业
教
育
数
字
艺
术
类
规
划
教
材

2.2.5 【实战演练】绘制游戏按钮

使用矩形工具、角选项命令、颜色面板和渐变面板制作图标；使用缩放命令缩放图形；使用文字工具添加图标文字。最终效果参看云盘中的"Ch02 > 效果 > 绘制游戏按钮"，如图 2-198 所示。

2.3 制作健身海报

图 2-198

2.3.1 【案例分析】

健身运动深受现下年轻人的喜爱，而健身器材是运动的必备品。健身运动海报的设计要展现出年轻人积极进取的精神风貌，同时体现出时尚感与运动感。

2.3.2 【设计理念】

在设计思路上，选用红色为主色调体，体现出了燃烧和斗志的感觉。通过搭配生动的颜色表现出健身运动热情洋溢的画面。最终效果参看云盘中的"Ch02 > 效果 > 制作健身海报"，如图 2-199 所示。

图 2-199

2.3.3 【案例操作】

1. 制作背景

步骤 1 选择"文件 > 新建 > 文档"命令，弹出"新建文档"对话框，设置如图 2-200 所示。单击"边距和分栏"按钮，弹出"新建边距和分栏"对话框，设置如图 2-201 所示。单击"确定"按钮，新建一个页面。选择"视图 > 其他 > 隐藏框架边缘"命令，将所绘制图形的框架边缘隐藏。

图 2-200

图 2-201

步骤 2 选择"文件 > 置入"命令，弹出"置入"对话框，选择云盘中的"Ch02 > 素材 > 制作健身海报 > 01"文件，单击"打开"按钮，在页面空白处单击鼠标左键，置入图片。选择"自由变换"工具，将图片拖曳到适当的位置，并调整其大小，效果如图 2-202 所示。用相同的方法置入"02"图片，并调整其位置和大小，效果如图 2-203 所示。

步骤 3 选择"直接选择"工具，选取需要的锚点，按住 Shift 键的同时，垂直向上拖曳锚点到适当的位置，如图 2-204 所示，松开鼠标后，效果如图 2-205 所示。

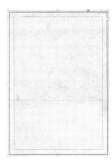

图 2-202　　　　　　图 2-203　　　　　　图 2-204　　　　　　图 2-205

步骤 4 用相同的方法置入并编辑其他图片，效果如图 2-206 所示。选择"选择"工具 ↖，按住 Shift 键的同时，依次选取多个图片，如图 2-207 所示。在"控制"面板中单击"底对齐"按钮 ，将图片底对齐，效果如图 2-208 所示。

图 2-206　　　　　　　　图 2-207　　　　　　　　图 2-208

步骤 5 选择"选择"工具 ↖，按住 Shift 键的同时，依次选取图片，如图 2-209 所示。在"控制"面板中单击"右对齐"按钮 ，将图片右对齐，效果如图 2-210 所示。

步骤 6 选择"选择"工具 ↖，按住 Shift 键的同时，依次选取图片，如图 2-211 所示。在"控制"面板中单击"左对齐"按钮 ，将图片左对齐，效果如图 2-212 所示。

图 2-209　　　　　　图 2-210　　　　　　图 2-211　　　　　　图 2-212

步骤 7 选择"矩形"工具 ，在适当的位置绘制矩形，如图 2-213 所示。设置图形填充色的 CMYK 值为 15、100、100、0，填充图形，并设置描边色为无，效果如图 2-214 所示。选择"切变"工具 ，将光标置于矩形右侧，按住 Shift 键的同时，垂直向上拖曳到适当的位置，变形效果如图 2-215 所示。

步骤 8 选择"选择"工具 ↖，按住 Alt+Shift 组合键的同时，垂直向下拖曳图形到适当的位置，复制图形。向下拖曳图形上边中间的控制手柄到适当的位置，如图 2-216 所示，调整其大小；并设置图形填充色的 CMYK 值为 0、79、100、0，填充图形，效果如图 2-217 所示。

中等职业教育数字艺术类规划教材

图 2-213　　　　　　图 2-214　　　　　　图 2-215

图 2-216　　　　　　图 2-217

2. 制作文字

步骤 1 选择"文字"工具 T ，在页面外拖曳一个文本框，输入需要的文字，将输入的文字同时选取，在"控制"面板中选择合适的字体并设置文字大小，效果如图 2-218 所示。设置文字填充色的 CMYK 值为 15、100、100、0，填充文字，效果如图 2-219 所示。

大家快来健身吧!　　　　大家快来健身吧!

图 2-218　　　　　　　　　　　　图 2-219

步骤 2 双击"切变"工具 ，弹出"切变"对话框，选项的设置如图 2-220 所示，单击"确定"按钮。并将其拖曳到页面中适当的位置，效果如图 2-221 所示。用相同的方法制作其他文字，效果如图 2-222 所示。健身海报制作完成，效果如图 2-223 所示。

图 2-220　　　　　　图 2-221　　　　　　图 2-222　　　　　　图 2-223

2.3.4 【相关知识】

1. 对齐对象

在"对齐"面板中的"对齐对象"选项组中，包括 6 个对齐命令按钮："左对齐"按钮 、"水平居中对齐"按钮 、"右对齐"按钮 、"顶对齐"按钮 、"垂直居中对齐"按钮 和"底对齐"按钮 。

选取要对齐的对象，如图 2-224 所示。选择"窗口 > 对象和版面 > 对齐"命令，或按 Shift+F7 组合键，弹出"对齐"面板，如图 2-225 所示。单击需要的对齐按钮，对齐效果如图 2-226 所示。

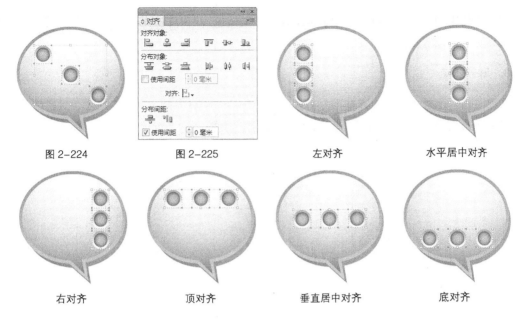

<table>
<tr><td>图 2-224</td><td>图 2-225</td><td>左对齐</td><td>水平居中对齐</td></tr>
</table>

右对齐　　　　顶对齐　　　　垂直居中对齐　　　　底对齐

图 2-226

2. 分布对象

在"对齐"面板中的"分布对象"选项组中，包括 6 个分布命令按钮："按顶分布"按钮 、"垂直居中分布"按钮 、"按底分布"按钮 、"按左分布"按钮 、"水平居中分布"按钮 和"按右分布"按钮 。"分布间距"选项组中，包括 2 个分布间距命令按钮："垂直分布间距"按钮 和"水平分布间距"按钮 。单击需要的分布命令按钮，分布效果如图 2-227 所示。

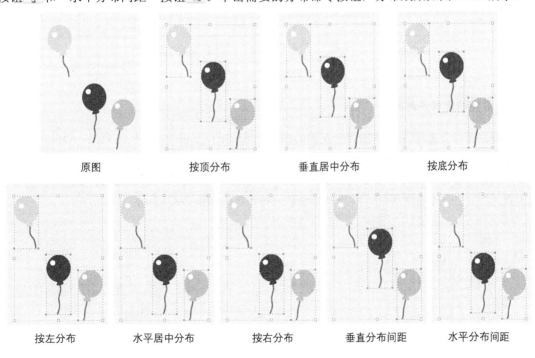

<table>
<tr><td>原图</td><td>按顶分布</td><td>垂直居中分布</td><td>按底分布</td></tr>
<tr><td>按左分布</td><td>水平居中分布</td><td>按右分布</td><td>垂直分布间距</td><td>水平分布间距</td></tr>
</table>

图 2-227

勾选"使用间距"复选框，在数值框中设置距离数值，所有被选取的对象将以所需要的分布方式按设置的数值等距离分布。

3. 对齐基准

在"对齐"面板中的"对齐基准"下拉列表中包括 5 个对齐命令：对齐选区、对齐边距、对齐关键对象、对齐页面和对齐跨页。选择需要的对齐基准，以"按顶分布"为例，对齐效果如图 2-228 所示。

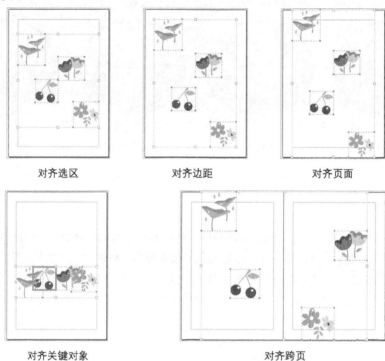

图 2-228

4. 用辅助线对齐对象

选择"选择"工具 ，单击页面左侧的标尺，按住鼠标左键不放并向右拖曳，拖曳出一条垂直的辅助线，将辅助线放在要对齐对象的左边线上，如图 2-229 所示。

用鼠标单击下方图片并按住鼠标左键不放向左拖曳，使下方图片的左边线和上方图片的左边线垂直对齐，如图 2-230 所示。松开鼠标左键，对齐效果如图 2-231 所示。

| 图 2-229 | 图 2-230 | 图 2-231 |

5．对象的排序

图形对象之间存在着堆叠的关系，后绘制的图像一般显示在先绘制的图像之上。在实际操作中，可以根据需要改变图像之间的堆叠顺序。

选取要移动的图像，选择"对象 > 排列"命令，其子菜单包括 4 个命令："置于顶层""后移一层""置为底层"和"前移一层"，使用这些命令可以改变图形对象的排序，效果如图 2-232 所示。

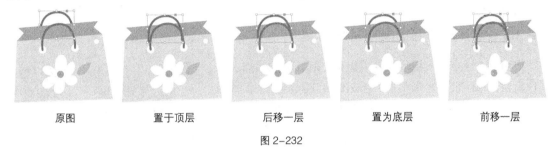

| 原图 | 置于顶层 | 后移一层 | 置为底层 | 前移一层 |

图 2-232

6．编组

◎ 创建编组

选取要编组的对象，如图 2-233 所示。选择"对象 > 编组"命令，或按 Ctrl+G 组合键，将选取的对象编组，如图 2-234 所示。编组后，选择其中的任何一个图像，其他的图像也会同时被选取。

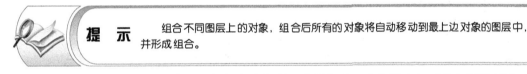

> **提　示**　组合不同图层上的对象，组合后所有的对象将自动移动到最上边对象的图层中，并形成组合。

"编组"命令还可以将几个不同的组合进行进一步地组合，或在组合与对象之间进行进一步地组合。在几个组之间进行组合时，原来的组合并没有消失，它与新得到的组合是嵌套的关系。

◎ 取消编组

选取要取消编组的对象，如图 2-235 所示。选择"对象 > 取消编组"命令，或按 Shift+Ctrl+G组合键，取消对象的编组。取消编组后的图像，可通过单击鼠标左键选取任意一个图形对象，如图 2-236 所示。

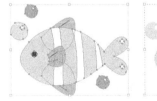

| 图 2-233 | 图 2-234 | 图 2-235 | 图 2-236 |

进行一次"取消编组"命令只能取消一层组合。例如，两个组合使用"编组"命令得到一个新的组合，应用"取消编组"命令取消这个新组合后，得到两个原始的组合。

7．锁定对象位置

使用锁定命令可锁定文档中不希望移动的对象。只要对象是锁定的，它便不能移动，但仍然可以选取该对象，并更改其他的属性（如颜色、描边等）。当文档被保存、关闭或重新打开时，锁定的对象会保持锁定。

选取要锁定的图形，如图 2-237
所示。选择"对象 > 锁定"命令，
或按 Ctrl+L 组合键，将图形的位置锁
定。锁定后，当移动图形时，会出现
图标🔒表示已锁定，该对象不能移动，
如图 2-238 所示。

图 2-237　　　　　图 2-238

2.3.5　【实战演练】制作招贴

使用置入命令置入图片；使用矩形工具、删除锚点工具
制作斜角图形；使用矩形工具、添加锚点工具和文字工具制
作标志；使用矩形工具、旋转角度选项和 X 切变角度选项制
作装饰图形；使用后移一层命令将图形向后移动一层；使用
文字工具和右对齐按钮输入文字信息。最终效果参看云盘中
的"Ch02 > 效果 > 制作招贴"，如图 2-239 所示。

2.4　综合案例——绘制猪

图 2-239

2.4.1　【案例分析】

插画设计，在现代设计领域中可以说是最具有表现意味的，它与绘画艺术有着亲近的血缘关
系。卡通插画不仅是一种图形，更是一种标志，它具有高度浓缩并快捷传递信息、便于记忆的特
性。现代插画设计无论是造型设计还是色彩搭配都有着长足的进展，展示出更加独特的艺术魅力，
从而更具表现力。

2.4.2　【设计理念】

在设计过程中，使用纯色背景，更能突出卡通插画的主体，绘制使用同色系进行填充，使整
个画面显得俏皮可爱。

2.4.3　【要点提示】

使用矩形工具和角选项命令绘制底图；使用椭圆工具绘制眼睛；使用复制命令和缩放命令制
作出右眼；使用椭圆工具和多边形工具绘制卡通猪其他部分；使用复制命令和水平翻转命令制作
出右脚。最终效果参看云盘中的"Ch02 > 效果 > 绘制猪"，如图 2-240 所示。

图 2-240

第3章 路径的绘制与编辑

本章介绍 InDesign CS6 中路径的相关知识，讲解如何运用各种方法绘制和编辑路径。通过对本章的学习，读者可以运用强大的绘制与编辑路径工具绘制出需要的自由曲线和创意图形。

课堂学习目标

- 掌握绘制和编辑路径的技巧
- 掌握复合形状的制作方法
- 掌握各种路径工具的使用

3.1 绘制信纸

3.1.1 【案例分析】

每逢佳节倍思亲的那份难以化解的乡愁，远离父母的那份思念和孤独总能在字里行间显出端倪，于是写信成了诉说情感的一种方式。本案例中，信纸的设计在满足信纸要素的前提下，又体现出温馨亲切的氛围。

3.1.2 【设计理念】

在设计思路上，按照信纸的要素设计画面。排列的线条干净整齐。信纸的边框设计打破了严肃的气氛，增添了一种亲和自然的气息。最终效果参看云盘中的"Ch03 > 效果 > 绘制信纸"，如图3-1所示。

图 3-1

3.1.3 【案例操作】

1. 绘制底图

步骤 1 选择"文件 > 新建 > 文档"命令，弹出"新建文档"对话框，设置如图3-2所示。单击"边距和分栏"按钮，弹出"新建边距和分栏"对话框，设置如图3-3所示，单击"确定"按钮，新建一个页面。选择"视图 > 其他 > 隐藏框架边缘"命令，将所绘制图形的框架边缘隐藏。

步骤 2 选择"钢笔"工具，在页面中绘制闭合路径，如图3-4所示。设置图形填充色的CMYK值为43、0、34、0，填充图形，并设置描边色为无，效果如图3-5所示。

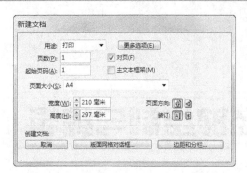

图 3-2　　　　　　　　　　　　　　　　图 3-3

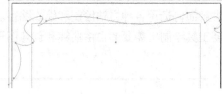
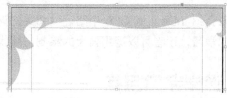

图 3-4　　　　　　　　　　　　　　　　图 3-5

步骤 **3**　选择"选择"工具 ，按住 Alt+Shift 组合键的同时，垂直向下拖曳图形到适当的位置，
复制图形，如图 3-6 所示。单击"控制"面板中的"水平翻转"按钮 ，水平翻转图形，如
图 3-7 所示。再单击"垂直翻转"按钮 ，垂直翻转图形，效果如图 3-8 所示。

图 3-6　　　　　　　　　　图 3-7　　　　　　　　　　图 3-8

步骤 **4**　选择"钢笔"工具 ，在页面中绘制闭合路径，如图 3-9 所示。设置图形填充色的 CMYK
值为 43、0、34、0，填充图形，并设置描边色为无，效果如图 3-10 所示。

步骤 **5**　用相同的方法绘制其他图形并填充相同的颜色。选择"选择"工具 ，按住 Shift 键的
同时，依次选取图形，如图 3-11 所示。按 Ctrl+G 组合键，将选取的图形编组，并拖曳到适
当的位置，效果如图 3-12 所示。

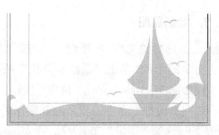

图 3-9　　　　　图 3-10　　　　　图 3-11　　　　　　　　图 3-12

2. 添加横隔

步骤 1　选择"直线"工具 ⌇，按住 Shift 键的同时，在页面中绘制直线，如图 3-13 所示。设置描边色的 CMYK 值为 43、0、34、0，填充描边，效果如图 3-14 所示。

扫 码 观 看
本案例视频02

步骤 2　选择"选择"工具 ▶，选取直线，按住 Alt+Shift 组合键的同时，垂直向下拖曳直线到适当的位置，复制直线，如图 3-15 所示。多次按 Ctrl+Alt+4 组合键，按需要再复制出多条直线，效果如图 3-16 所示。

图 3-13　　　　　　图 3-14　　　　　　图 3-15　　　　　　图 3-16

步骤 3　选择"文字"工具 T，在页面中拖曳一个文本框，输入需要的文字，将输入的文字同时选取，在"控制"面板中选择合适的字体和文字大小，效果如图 3-17 所示。设置文字填充色的 CMYK 值为 43、0、34、0，填充文字，效果如图 3-18 所示。信纸绘制完成。

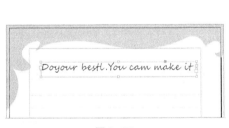

图 3-17　　　　　　　　　　　图 3-18

3.1.4　【相关知识】

1. 路径

◎ **路径的基本概念**

　　路径分为开放路径、闭合路径和复合路径 3 种类型。开放路径的两个端点没有连接在一起，如图 3-19 所示。闭合路径没有起点和终点，它是一条连续的路径，如图 3-20 所示，可对其进行内部填充或描边填充。复合路径是将几个开放或闭合路径进行组合而形成的路径，如图 3-21 所示。

图 3-19

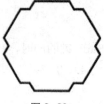

图 3-20

图 3-21

◎ 路径的组成

路径由锚点和线段组成，可以通过调整路径上的锚点或线段来改变路径的形状。在曲线路径上，每一个锚点有一条或两条控制线，在曲线中间的锚点有两条控制线，在曲线端点的锚点有一条控制线。控制线总是与曲线上锚点所在的圆相切，控制线呈现的角度和长度决定了曲线的形状。控制线的端点称为控制点，可以通过调整控制点来对整个曲线进行调整，如图 3-22 所示。

锚点：由钢笔工具创建，是一条路径中两条线段的交点。路径是由锚点组成的。

直线锚点：单击刚建立的锚点，可以将锚点转换为带有一个独立调节手柄的直线锚点。直线锚点是一条直线段与一条曲线段的连接点。

曲线锚点：曲线锚点是带有两个独立调节手柄的锚点。曲线锚点是两条曲线段之间的连接点。调节手柄可以改变曲线的弧度。

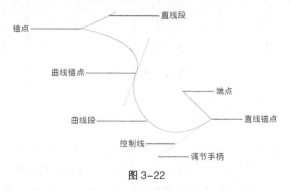

图 3-22

控制线和调节手柄：通过调节控制线和调节手柄，可以更精准地绘制出路径。

直线段：用钢笔工具在图像中单击两个不同的位置，将在两点之间创建一条直线段。

曲线段：拖动曲线锚点可以创建一条曲线段。

端点：路径的结束点就是路径的端点。

2. 直线工具

选择"直线"工具 ，鼠标指针会变成 ┼ 形状，按下鼠标左键并拖曳到适当的位置可以绘制出一条任意角度的直线，如图 3-23 所示。松开鼠标左键，绘制出选取状态的直线，效果如图 3-24 所示。选择"选择"工具 ，在选中的直线外单击，取消选取状态，直线的效果如图 3-25 所示。

按住 Shift 键再进行绘制，可以绘制水平、垂直或 45°及 45°倍数的直线，如图 3-26 所示。

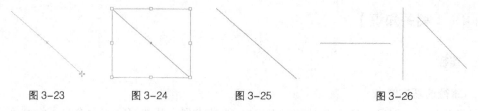

图 3-23 　　　　图 3-24 　　　　图 3-25 　　　　图 3-26

3. 铅笔工具

◎ 使用铅笔工具绘制开放路径

选择"铅笔"工具 ，当鼠标指针显示为图标 时，在页面中拖曳鼠标绘制路径，如图 3-27

所示，松开鼠标左键后，效果如图 3-28 所示。

图 3-27　　　　　　　　　　　　　　　图 3-28

◎ **使用铅笔工具绘制封闭路径**

选择"铅笔"工具 ，按住鼠标左键在页面中拖曳，按住 Alt 键，当铅笔工具显示为图标 。时，表示正在绘制封闭路径，如图 3-29 所示。松开鼠标左键，再松开 Alt 键，绘制出封闭的路径，效果如图 3-30 所示。

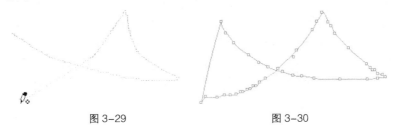

图 3-29　　　　　　　　　　　　　　　图 3-30

◎ **使用铅笔工具连接两条路径**

选择"选择"工具 ，选取两条开放的路径，如图 3-31 所示。选择"铅笔"工具 ，按住鼠标左键，将光标从一条路径的端点拖曳到另一条路径的端点处，如图 3-32 所示。

按住 Ctrl 键，铅笔工具显示为合并图标 ，表示将合并两个锚点或路径，如图 3-33 所示。松开鼠标左键，再松开 Ctrl 键，效果如图 3-34 所示。

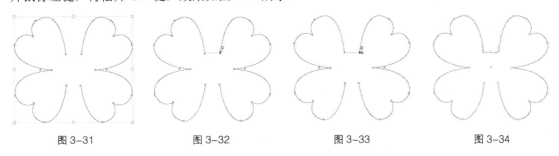

图 3-31　　　　　　图 3-32　　　　　　图 3-33　　　　　　图 3-34

4. 平滑工具

选择"直接选择"工具 ，选取要进行平滑处理的路径。选择"平滑"工具 ，沿着要进行平滑处理的路径线段拖曳，如图 3-35 所示。继续进行平滑处理，直到描边或路径达到所需的平滑度，效果如图 3-36 所示。

5. 抹除工具

选择"直接选择"工具 ，选取要抹除的路径，

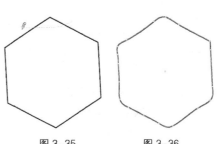

图 3-35　　　　图 3-36

如图 3-37 所示。选择"抹除"工具 ，沿着要抹除的路径段拖曳，如图 3-38 所示。抹除后的路径断开，生成两个端点，效果如图 3-39 所示。

图 3-37　　　　　　　　　图 3-38　　　　　　　　　图 3-39

6. 钢笔工具

◎ 使用钢笔工具绘制直线和折线

选择"钢笔"工具，在页面中任意位置单击，将创建出 1 个锚点，将鼠标指针移动到需要的位置再单击，可以创建第 2 个锚点，两个锚点之间自动以直线进行连接，效果如图 3-40 所示。

再将鼠标指针移动到其他位置后单击，就出现了第 3 个锚点，在第 2 个和第 3 个锚点之间生成一条新的直线路径，效果如图 3-41 所示。

使用相同的方法继续绘制路径效果，如图 3-42 所示。当要闭合路径时，将鼠标指针定位于创建的第 1 个锚点上，鼠标指针变为图标，如图 3-43 所示，单击就可以闭合路径，效果如图 3-44 所示。

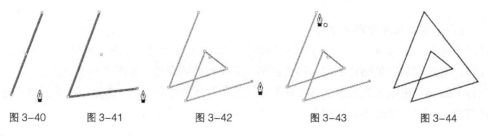

图 3-40　　　　　图 3-41　　　　　图 3-42　　　　　图 3-43　　　　　图 3-44

绘制一条路径并保持路径开放，如图 3-45 所示。按住 Ctrl 键的同时，在对象外的任意位置单击，可以结束路径的绘制，开放路径效果如图 3-46 所示。

按住 Shift 键创建锚点，将强迫系统以 45° 或 45° 的倍数绘制路径。按住 Alt 键，"钢笔"工具将暂时转换成"转换方向点"工具。按住 Ctrl 键的同时，"钢笔"工具将暂时转换成"直接选择"工具。

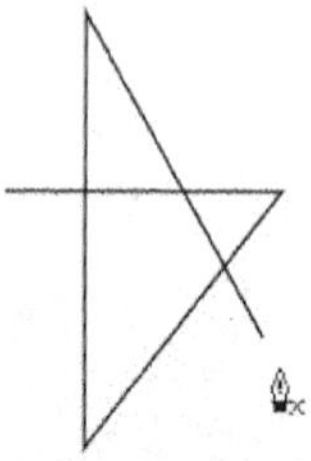

◎ 使用钢笔工具绘制路径

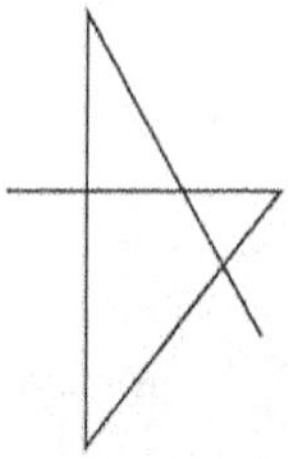

选择"钢笔"工具，在页面中单击，并按住鼠标左键拖曳来确定路径的起点。起点的两端分别出现了一条控制线，松开鼠标左键，其效果如图 3-47 所示。

图 3-45　　　　图 3-46

移动鼠标指针到需要的位置，再次单击并按住鼠标左键拖曳，出现了一条路径段。拖曳鼠标的同时，第 2 个锚点两端也出现了控制线。按住鼠标左键不放，随着鼠标的移动，路径段的形状也随之发生变化，如图 3-48 所示。松开鼠标左键，移动鼠标继续绘制。

如果连续单击并拖曳鼠标，就会绘制出连续平滑的路径，如图 3-49 所示。

◎ 使用钢笔工具绘制混合路径

选择"钢笔"工具，在页面中需要的位置单击两次绘制出直线，如图 3-50 所示。

移动鼠标指针到需要的位置，再次单击并按住鼠标左键拖曳，绘制出一条路径段，如图 3-51 所示。松开鼠标左键，移动鼠标到需要的位置，再次单击并按住鼠标左键拖曳，又绘制出一条路径段，松开鼠标左键，如图 3-52 所示。

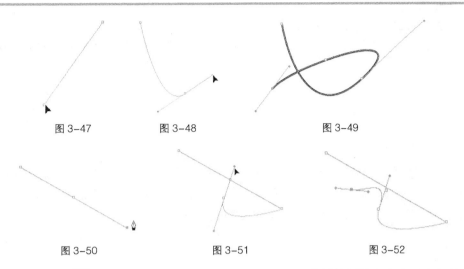

图 3-47　　　　　图 3-48　　　　　　　　图 3-49

图 3-50　　　　　　　图 3-51　　　　　　　图 3-52

将"钢笔"工具 的光标定位于刚建立的路径锚点上，一个转换图符 会出现在钢笔工具旁，在路径锚点上单击，将路径锚点转换为直线锚点，如图 3-53 所示。移动鼠标到需要的位置再次单击，在路径段后绘制出直线段，如图 3-54 所示。

将鼠标指针定位于创建的第 1 个锚点上，鼠标指针变为 图标，单击并按住鼠标左键拖曳，如图 3-55 所示。松开鼠标左键，绘制出路径并闭合路径，如图 3-56 所示。

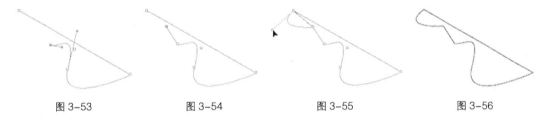

图 3-53　　　　　　图 3-54　　　　　　　图 3-55　　　　　　图 3-56

◎ 调整路径

选择"直接选择"工具 ，选取需要调整的路径，如图 3-57 所示。使用"直接选择"工具 ，在要调整的锚点上单击并拖曳鼠标，可以移动锚点到需要的位置，如图 3-58 所示。拖曳锚点两端控制线上的调节手柄，可以调整路径的形状，如图 3-59 所示。

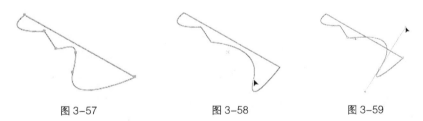

图 3-57　　　　　　　图 3-58　　　　　　　图 3-59

7. 选取、移动锚点

◎ 选中路径上的锚点

对路径或图形上的锚点进行编辑时，必须首先选中要编辑的锚点。绘制一条路径，选择"直接选择"工具 ，将显示路径上的锚点和线段，如图 3-60 所示。

路径中的每个方形小圈就是路径的锚点，在需要选取的锚点上单击，锚点上会显示控制线和控制线两端的控制点，同时会显示前后锚点的控制线和控制点，效果如图 3-61 所示。

◎ 选中路径上的多个或全部锚点

选择"直接选择"工具 ，按住 Shift 键单击需要的锚点，可选取多个锚点，如图 3-62 所示。

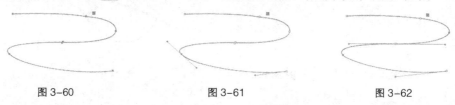

图 3-60　　　　　　　　　　图 3-61　　　　　　　　　　图 3-62

选择"直接选择"工具 ，在绘图页面中路径图形的外围按住鼠标左键，拖曳鼠标圈住多个或全部锚点，如图 3-63 和图 3-64 所示，被圈住的锚点将被多个或全部选取，如图 3-65 和图 3-66 所示。单击路径外的任意位置，锚点的选取状态将被取消。

选择"直接选择"工具 ，单击路径的中心点，可选取路径上的所有锚点，如图 3-67 所示。

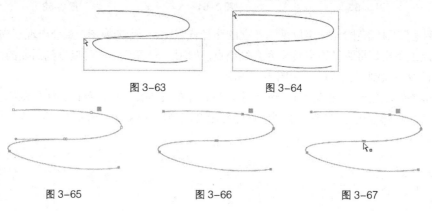

图 3-63　　　　　　　　图 3-64

图 3-65　　　　　　　　图 3-66　　　　　　　　图 3-67

◎ 移动路径上的单个锚点

绘制一个图形，如图 3-68 所示。选择"直接选择"工具 ，单击要移动的锚点并按住鼠标左键拖曳，如图 3-69 所示。松开鼠标左键，图形调整的效果如图 3-70 所示。

图 3-68　　　　　　　　图 3-69　　　　　　　　图 3-70

选择"直接选择"工具 ，选取并拖曳锚点上的控制点，如图 3-71 所示。松开鼠标左键，图形调整的效果如图 3-72 所示。

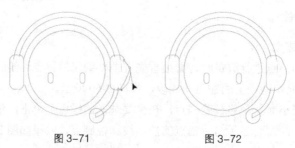

图 3-71　　　　　　　　图 3-72

◎ 移动路径上的多个锚点

选择"直接选择"工具，圈选图形上的部分锚点，如图 3-73 所示。按住鼠标左键将其拖曳到适当的位置，松开鼠标左键，移动后的锚点如图 3-74 所示。

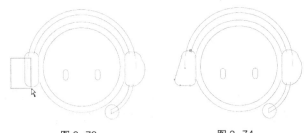

图 3-73　　　　　　　　　图 3-74

选择"直接选择"工具，锚点的选取状态如图 3-75 所示。拖曳任意一个被选取的锚点，其他被选取的锚点也会随着移动，如图 3-76 所示。松开鼠标左键，图形调整的效果如图 3-77 所示。

图 3-75　　　　　　　图 3-76　　　　　　　图 3-77

8. 增加、删除、转换锚点

选择"直接选择"工具，选取要增加锚点的路径，如图 3-78 所示。选择"钢笔"工具或"添加锚点"工具，将光标定位到要增加锚点的位置，如图 3-79 所示。单击鼠标左键增加一个锚点，如图 3-80 所示。

图 3-78　　　　　　　图 3-79　　　　　　　图 3-80

选择"直接选择"工具，选取需要删除锚点的路径，如图 3-81 所示。选择"钢笔"工具或"删除锚点"工具，将光标定位到要删除的锚点的位置，如图 3-82 所示，单击鼠标左键可以删除这个锚点，效果如图 3-83 所示。

提　示　如果需要在路径和图形中删除多个锚点，可以先按住 Shift 键，再用鼠标选择要删除的多个锚点，选择后按 Delete 键。也可以使用圈选的方法选择需要删除的多个锚点，选择好后按 Delete 键。

图 3-81　　　　　　　　图 3-82　　　　　　　　图 3-83

选择"直接选择"工具 ，选取路径，如图 3-84 所示。选择"转换方向点"工具 ，将光标定位到要转换的锚点上，如图 3-85 所示。拖曳鼠标可转换锚点，编辑路径的形状，效果如图 3-86 所示。

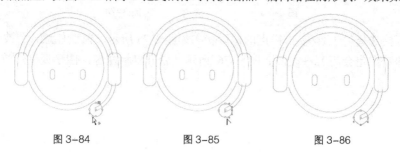

图 3-84　　　　　　　　图 3-85　　　　　　　　图 3-86

9. 连接、断开路径

◎ 使用钢笔工具连接路径

选择"钢笔"工具 ，将光标置于一条开放路径的端点上，当光标变为图标 时单击端点，如图 3-87 所示。在需要扩展的新位置单击，绘制出的连接路径如图 3-88 所示。

图 3-87　　　　　　　　图 3-88

选择"钢笔"工具 ，将光标置于一条路径的端点上，当光标变为图标 时单击端点，如图 3-89 所示。再将光标置于另一条路径的端点上，当光标变为图标 时，如图 3-90 所示，单击端点将两条路径连接，效果如图 3-91 所示。

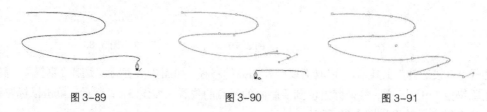

图 3-89　　　　　　　　图 3-90　　　　　　　　图 3-91

◎ 使用面板连接路径

选择一条开放路径，如图 3-92 所示。选择"窗口 > 对象和版面 > 路径查找器"命令，弹出"路径查找器"面板，单击"封闭路径"按钮 ，如图 3-93 所示。将路径闭合，效果如图 3-94 所示。

◎ 使用菜单命令连接路径

选择一条开放路径，选择"对象 > 路径 > 封闭路径"命令，也可将路径封闭。

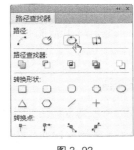

图 3-92   图 3-93   图 3-94

◎ **使用剪刀工具断开路径**

选择"直接选择"工具 🖈，选取要断开路径的锚点，如图 3-95 所示。选择"剪刀"工具 ✄，在锚点处单击，可将路径剪开，如图 3-96 所示。选择"直接选择"工具 🖈，单击并拖曳断开的锚点，效果如图 3-97 所示。

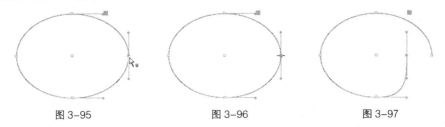

图 3-95   图 3-96   图 3-97

选择"选择"工具 ▶，选取要断开的路径，如图 3-98 所示。选择"剪刀"工具 ✄，在要断开的路径处单击，可将路径剪开，单击处将生成呈选中状态的锚点，如图 3-99 所示。选择"直接选择"工具 🖈，单击并拖曳断开的锚点，效果如图 3-100 所示。

图 3-98   图 3-99   图 3-100

◎ **使用面板断开路径**

选择"选择"工具 ▶，选取需要断开的路径，如图 3-101 所示。选择"窗口 > 对象和版面 > 路径查找器"命令，弹出"路径查找器"面板，单击"开放路径"按钮 ↺，如图 3-102 所示。将封闭的路径断开，如图 3-103 所示，呈选中状态的锚点是断开的锚点。选取并拖曳该锚点，效果如图 3-104 所示。

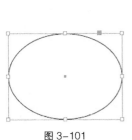

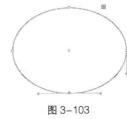
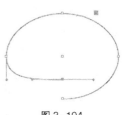

图 3-101   图 3-102   图 3-103   图 3-104

◎ 使用菜单命令断开路径

选择一条封闭路径，选择"对象 > 路径 > 开放路径"命令可将路径断开，呈现选中状态的锚点为路径的断开点。

3.1.5 【实战演练】绘制海景插画

使用椭圆工具、多边形工具、不透明度命令和渐变羽化命令制作星形；使用椭圆工具和相加命令制作云图形；使用铅笔工具和平滑工具绘制海岸线。最终效果参看云盘中的"Ch03 > 效果 > 绘制海景插画"，如图 3-105 所示。

图 3-105

3.2　绘制创意图形

3.2.1 【案例分析】

图形的内容简洁、概括力强、设计灵活，常用作商品的 LOGO 或收藏之用。本案例中，学习使用矩形工具和渐变色板工具绘制渐变背景，使用钢笔工具和减去命令制作创意图形，使用文字工具输入需要的文字。

3.2.2 【设计理念】

在设计思路上，选用鲜艳的色彩与白色对比增强视觉冲击力。图形的外形简洁有趣、容易辨识。最终效果参看云盘中的"Ch03 > 效果 > 绘制创意图形"，如图 3-106 所示。

图 3-106

3.2.3 【案例操作】

步骤 1　选择"文件 > 新建 > 文档"命令，弹出"新建文档"对话框，设置如图 3-107 所示。单击"边距和分栏"按钮，弹出"新建边距和分栏"对话框，设置如图 3-108 所示，单击"确定"按钮，新建一个页面。选择"视图 > 其他 > 隐藏框架边缘"命令，将所绘制图形的框架边缘隐藏。

步骤 2　选择"矩形"工具，在页面中绘制一个矩形，如图 3-109 所示。双击"渐变色板"工具，弹出"渐变"面板，在"类型"选项中选择"线性"，在色带上选中左侧的渐变色标，设置 CMYK 的值为 43、0、54、0，选中右侧的渐变色标，设置 CMYK 的值为 96、17、73、13，如图 3-110 所示。填充渐变色，并设置描边色为无，效果如图 3-111 所示。

图 3-107

图 3-108

图 3-109

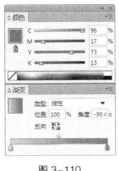

图 3-110

图 3-111

步骤 3 选择"钢笔"工具，在适当的位置绘制一个闭合路径，如图 3-112 所示。选择"椭圆"工具，按住 Shift 键的同时，在适当的位置绘制一个圆形，如图 3-113 所示。

步骤 4 选择"选择"工具，按住 Shift 键的同时，将两个路径同时选取，如图 3-114 所示。选择"窗口 > 对象和版面 > 路径查找器"命令，弹出"路径查找器"面板，单击"减去"按钮，如图 3-115 所示，生成新的对象，效果如图 3-116 所示。

图 3-112

图 3-113

图 3-114

图 3-115

图 3-116

步骤 5 选择"钢笔"工具，在适当的位置再绘制一个闭合路径（为方便读者区分，这里用白色线条显示），如图 3-117 所示。选择"选择"工具，按住 Shift 键的同时，将两个路径同时选取，如图 3-118 所示。选择"路径查找器"面板，单击"减去"按钮，生成新的对象，填充图形为白色，并设置描边色为无，效果如图 3-119 所示。

步骤 6 选择"文字"工具，在页面中分别拖曳文本框，输入需要的文字并选取文字，在"控制"面板中分别选择合适的字体和文字大小，填充文字为白色，效果如图 3-120 所示。

步骤 7 选择"文字"工具，选取英文"R"，设置文字填充色的 CMYK 值为 61、7、0、0，填充文字，效果如图 3-121 所示。选取英文"forward"，设置文字填充色的 CMYK 值为 61、

7、0、0，填充文字，效果如图 3-122 所示。创意图形绘制完成。

图 3-117

图 3-118

图 3-119

图 3-120

图 3-121

图 3-122

3.2.4 【相关知识】复合形状

◎ 添加

添加是将多个图形结合成一个图形，新的图形轮廓由被添加图形的边界组成，被添加图形的交叉线都将消失。

选择"选择"工具 ，选取需要的图形对象，如图 3-123 所示。选择"窗口 > 对象和版面 > 路径查找器"命令，弹出"路径查找器"面板，单击"相加"按钮 ，如图 3-124 所示，将两个图形相加。相加后图形对象的边框和颜色与最前方的图形对象相同，效果如图 3-125 所示。

图 3-123

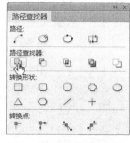

图 3-124

图 3-125

选择"选择"工具 ，选取需要的图形对象，选择"对象 > 路径查找器 > 添加"命令，也可以将两个图形相加。

◎ 减去

减去是从最底层的对象中减去最顶层的对象，被剪后的对象保留其填充和描边属性。

选择"选择"工具 ，选取需要的图形对象，如图 3-126 所示。选择"窗口 > 对象和版面 > 路径查找器"命令，弹出"路径查找器"面板，单击"减去"按钮 ，如图 3-127 所示，将两个图形相减。相减后的对象保持底层对象的属性，效果如图 3-128 所示。

选择"选择"工具 ，选取需要的图形对象，选择"对象 > 路径查找器 > 减去"命令，也可以将两个图形相减。

图 3-126　　　　　　　　　图 3-127　　　　　　　　　图 3-128

◎ **交叉**

交叉是将两个或两个以上对象的相交部分保留，使相交的部分成为一个新的图形对象。

选择"选择"工具 ，选取需要的图形对象，如图 3-129 所示。选择"窗口 > 对象和版面 > 路径查找器"命令，弹出"路径查找器"面板，单击"交叉"按钮 ，如图 3-130 所示，将两个图形交叉。相交后的对象保持顶层对象的属性，效果如图 3-131 所示。

图 3-129　　　　　　　　　图 3-130　　　　　　　　　图 3-131

选择"选择"工具 ，选取需要的图形对象，选择"对象 > 路径查找器 > 交叉"命令，也可以将两个图形相交。

◎ **排除重叠**

排除重叠是减去前后图形的重叠部分，将不重叠的部分创建图形。

选择"选择"工具 ，选取需要的图形对象，如图 3-132 所示。选择"窗口 > 对象和版面 > 路径查找器"命令，弹出"路径查找器"面板，单击"排除重叠"按钮 ，如图 3-133 所示，将两个图形重叠的部分减去。生成的新对象保持最前方图形对象的属性，效果如图 3-134 所示。

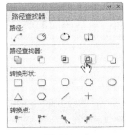

图 3-132　　　　　　　　　图 3-133　　　　　　　　　图 3-134

选择"选择"工具 ，选取需要的图形对象，选择"对象 > 路径查找器 > 排除重叠"命令，也可以将两个图形重叠的部分减去。

◎ **减去后方对象**

减去后方对象是减去后面图形，并减去前后图形的重叠部分，保留前面图形的剩余部分。

选择"选择"工具 ，选取需要的图形对象，如图 3-135 所示。选择"窗口 > 对象和版面 >

路径查找器"命令，弹出"路径查找器"面板，单击"减去后方对象"按钮 ，如图 3-136 所示，将后方的图形对象减去。生成的新对象保持最前方图形对象的属性，效果如图 3-137 所示。

图 3-135

图 3-136

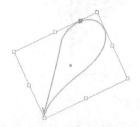
图 3-137

选择"选择"工具 ，选取需要的图形对象，选择"对象 > 路径查找器 > 减去后方对象"命令，也可以将后方的图形对象减去。

3.2.5 【实战演练】绘制瓶盖

使用钢笔工具和复制命令绘制瓶盖外形和阴影效果；使用钢笔工具绘制瓶盖上其他图形；使用文字工具添加文字效果。最终效果参看云盘中的"Ch03 > 效果 > 绘制瓶盖"，如图 3-138 所示。

图 3-138

3.3 综合案例——绘制风景插画

3.3.1 【案例分析】

本案例是为自然期刊绘制的风景插画，插画的设计要求符合文章的主体内容，要表现出悠然自得的自然风景。

3.3.2 【设计理念】

在设计思路上，蓝色的背景营造出宁静、祥和的氛围，天空中飘荡的白云，展现出有限舒适的形象，与背景图形成动静结合的画面；前后画面的颜色区别，很好地体现出自然风光的安逸和美好。

3.3.3 【要点提示】

使用椭圆工具绘制太阳；使用钢笔工具绘制云、树、山和草地效果；使用椭圆工具、矩形工具和减去命令制作桥洞效果；使用渐变色板工具制作蓝天效果。最终效果参看云盘中的"Ch03 > 效果 > 绘制风景插画"，如图 3-139 所示。

图 3-139

第4章 编辑描边与填充

本章详细讲解 InDesign CS6 中编辑图形描边和填充图形颜色的方法，并对"效果"面板进行重点介绍。通过本章的学习，读者可以制作出不同的图形描边和填充效果，还可以根据设计制作需要添加混合模式和特殊效果。

课堂学习目标

- 掌握填充与描边的编辑技巧
- 掌握"效果"面板的使用方法
- 掌握"色板"面板的使用方法

4.1 绘制春季插画

4.1.1 【案例分析】

春天是一个万物复苏的季节，充满了活力与生机。在这百花盛开的季节里，快乐是主旋律。本案例将利用树木及小鸟等元素绘制插画，向大众传达春意。

4.1.2 【设计理念】

在设计思路上，整体色调清新亮丽，体现出春意盎然，富有生机的感觉。手绘的元素显得精致可爱，增添了一种亲和自然的气息。最终效果参看云盘中的"Ch04 > 效果 > 绘制春季插画"，如图 4-1 所示。

图 4-1

4.1.3 【案例操作】

1. 绘制河水

步骤 1 选择"文件 > 新建 > 文档"命令，弹出"新建文档"对话框，设置如图 4-2 所示。单击"边距和分栏"按钮，弹出"新建边距和分栏"对话框，设置如图 4-3 所示，单击"确定"按钮，新建一个页面。选择"视图 > 其他 > 隐藏框架边缘"命令，将所绘制图形的框架边缘隐藏。

扫码观看
本案例视频01

图 4-2　　　　　　　　　　　　　　　　　图 4-3

步骤 2 选择"钢笔"工具，在页面底部绘制闭合路径，如图 4-4 所示。双击"渐变色板"工具，弹出"渐变"面板，在"类型"选项中选择"线性"，在色带上选中左侧的渐变色标，设置 CMYK 的值为 0、0、0、0，选中右侧的渐变色标，设置 CMYK 的值为 100、0、0、0，如图 4-5 所示，填充渐变色，并设置描边色为无，效果如图 4-6 所示。

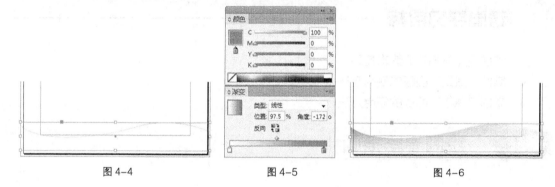

图 4-4　　　　　　　　　　　图 4-5　　　　　　　　　　　图 4-6

步骤 3 选择"选择"工具，按住 Alt+Shift 组合键的同时，垂直向下拖曳图形到适当的位置，复制图形。单击"控制"面板中的"水平翻转"按钮，水平翻转图形，效果如图 4-7 所示。

步骤 4 选择"选择"工具，按住 Alt+Shift 组合键的同时，垂直向下拖曳图形到适当的位置，复制图形。选择"渐变"面板，选中右侧的渐变色标，将"位置"选项设为 100%，其他选项的设置如图 4-8 所示，填充渐变色，效果如图 4-9 所示。

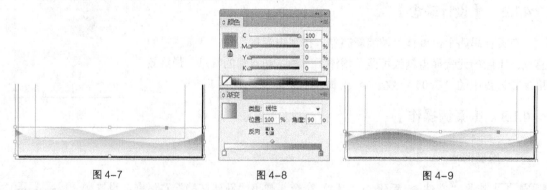

图 4-7　　　　　　　　　　　图 4-8　　　　　　　　　　　图 4-9

步骤 5 选择"钢笔"工具，在页面中绘制路径，如图 4-10 所示。设置描边色的 CMYK 值为 75、0、0、0，填充描边；在"控制"面板中将"描边粗细"选项设为 1 点，按 Enter 键，效果如图 4-11 所示。

图 4-10	图 4-11

步骤 6　选择"选择"工具 ，选取图形，按 Ctrl+C 组合键，复制图形。选择"编辑 > 原位粘贴"命令，原位粘贴图形。单击"控制"面板中的"水平翻转"按钮 ，水平翻转图形，效果如图 4-12 所示。再单击"垂直翻转"按钮 ，垂直翻转图形，并拖曳到适当的位置，效果如图 4-13 所示。

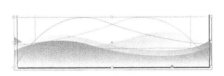 

图 4-12	图 4-13

2. 绘制手

步骤 1　选择"钢笔"工具 ，在页面中绘制闭合路径，如图 4-14 所示。设置图形填充色的 CMYK 值为 0、43、48、3，填充图形，并设置描边色为无，效果如图 4-15 所示。

步骤 2　选择"钢笔"工具 ，在页面中绘制闭合路径，设置图形填充色的 CMYK 值为 0、53、59、3，填充图形，并设置描边色为无，效果如图 4-16 所示。用相同的方法绘制其他图形，效果如图 4-17 所示。

步骤 3　选择"选择"工具 ，按住 Shift 键的同时，依次选取图形，按 Ctrl+G 组合键，将其编组，如图 4-18 所示。

扫码观看
本案例视频02

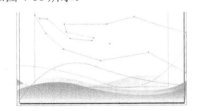 

图 4-14	图 4-15

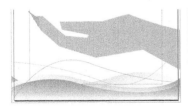  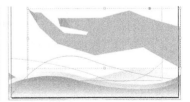

图 4-16	图 4-17	图 4-18

3. 绘制山

扫码观看
本案例视频03

步骤 1　选择"钢笔"工具 ，在页面中绘制闭合路径。设置图形填充色的 CMYK 值为 53、0、41、0，填充图形，并设置描边色为无，效果如图 4-19 所示。选择"选择"工具 ，按 Alt+Shift 组合键的同时，向右拖曳图形到适当的位置，复制图形，并调整其大小。效果如图 4-20 所示。

图 4-19　　　　　　　　　　　图 4-20

步骤 2　选择"选择"工具 ，按住 Shift 键的同时，依次选取图形，按 Ctrl+G 组合键，将选取的图形编组，如图 4-21 所示。按 Ctrl+ [组合键，将编组图形后移一层，效果如图 4-22 所示。

图 4-21　　　　　　　　　　　图 4-22

步骤 3　选择"钢笔"工具 ，在适当的位置分别绘制闭合路径。选择"选择"工具 ，按住 Shift 键的同时，将所绘制的图形同时选取，设置图形填充色的 CMYK 值为 75、0、0、0，填充图形，并设置描边色为无，效果如图 4-23 所示。选择"椭圆"工具 ，在适当的位置绘制椭圆形，效果如图 4-24 所示。

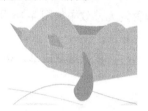 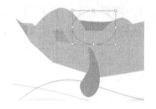

图 4-23　　　　　　　　　　　图 4-24

步骤 4　设置图形填充色的 CMYK 值为 0、0、65、0，填充图形，并设置描边色为无，调整其顺序，效果如图 4-25 所示。用相同的方法绘制再绘制一个椭圆形，设置图形填充色的 CMYK 值为 0、39、76、3，填充图形，并设置描边色为无，调整其顺序，效果如图 4-26 所示。

图 4-25　　　　　　　　　　　图 4-26

4. 绘制树

步骤 1　选择"钢笔"工具 ，在页面中绘制闭合路径，设置图形填充色的 CMYK 值为 0、63、100、60，填充图形，并设置描边色为无，调整其顺序，效果如图 4-27 所示。

扫码观看
本案例视频04

步骤 2 选择"椭圆"工具 ⬭，在适当的位置绘制一个椭圆形，设置图形填充色的 CMYK 值为 0、30、15、0，填充图形，并设置描边色为无，效果如图 4-28 所示。

步骤 3 用相同的方法绘制其他图形。选择"选择"工具 ▶，按住 Shift 键的同时，依次选取图形，按 Ctrl+G 组合键，将选取的图形编组。并调整其顺序，效果如图 4-29 所示。

图 4-27   图 4-28   图 4-29

步骤 4 选择"椭圆"工具 ⬭，在适当的位置分别绘制椭圆形，选择"选择"工具 ▶，按住 Shift 键的同时，将所绘制的图形同时选取，设置图形填充色的 CMYK 值为 0、69、35、0，填充图形，并设置描边色为无，调整其顺序，效果如图 4-30 所示。

步骤 5 选择"钢笔"工具 ✐，在页面中绘制闭合路径，设置图形填充色的 CMYK 值为 75、0、53、0，填充图形，并设置描边色为无，效果如图 4-31 所示。用相同的方法绘制其他图形，填充图形为白色，并设置描边色为无，效果如图 4-32 所示。

步骤 6 选择"选择"工具 ▶，按住 Shift 键的同时，依次选取图形，按 Ctrl+G 组合键，将选取的图形编组。拖曳编组图形到适当的位置，并调整其顺序，效果如图 4-33 所示。

图 4-30   图 4-31   图 4-32   图 4-33

步骤 7 选择"钢笔"工具 ✐，在页面外绘制闭合路径，设置图形填充色的 CMYK 值为 53、0、41、0，填充图形，并设置描边色为无，效果如图 4-34 所示。选择"直线"工具 ╱，在适当的位置绘制一条斜线，如图 4-35 所示。

步骤 8 设置描边色为白色，在"控制"面板中将"描边粗细"选项 ⬍ 0.283 ▼ 设为 5，按 Enter 键，效果如图 4-36 所示。选择"选择"工具 ▶，按住 Alt+Shift 组合键的同时，垂直向下拖曳斜线到适当的位置，复制斜线，如图 4-37 所示。用相同的方法绘制其他斜线，并设置适当的描边粗细。效果如图 4-38 所示。

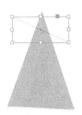

图 4-34   图 4-35   图 4-36   图 4-37   图 4-38

中等职业教育数字艺术类规划教材

步骤 9 选择"钢笔"工具，在页面中绘制闭合路径，设置图形填充色的 CMYK 值为 76、0、40、25，填充图形，并设置描边色为无，效果如图 4-39 所示。选择"选择"工具，用圈选的方法将所绘制的图形同时选取，并将其拖曳到页面中适当的位置，调整其顺序，效果如图 4-40 所示。

步骤 10 选择"选择"工具，按住 Alt+Shift 组合键的同时，向左拖曳图形到适当的位置，复制图形，并调整其大小，效果如图 4-41 所示。

图 4-39

图 4-40

图 4-41

5. 绘制小鸟

步骤 1 选择"椭圆"工具，按住 Shift 键的同时，在页面外绘制圆形，如图 4-42 所示。选择"钢笔"工具，在适当的位置绘制闭合路径。如图 4-43 所示。选择"选择"工具，按住 Shift 键的同时，依次选取图形，按 Ctrl+G 组合键，将其编组。设置图形填充色的 CMYK 值为 0、69、35、0，填充图形，并设置描边色为无，效果如图 4-44 所示。

扫码观看
本案例视频05

图 4-42

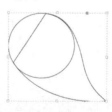
图 4-43

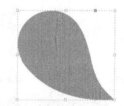
图 4-44

步骤 2 双击"缩放"工具，弹出"缩放"对话框，选项的设置如图 4-45 所示，单击"复制"按钮。填充图形为白色，选择"选择"工具，将其拖曳到适当的位置，效果如图 4-46 所示。

步骤 3 选择"椭圆"工具，按住 Shift 键的同时，在适当的位置绘制圆形，填充图形为白色，并设置描边色为无，效果如图 4-47 所示。选择"选择"工具，按 Ctrl+C 组合键，复制图形。按 Ctrl+V 组合键，粘贴图形，将图形拖曳到适当的位置，并调整其大小，效果如图 4-48 所示。

图 4-45

图 4-46

图 4-47

图 4-48

步骤 [4] 选择"钢笔"工具，在适当的位置绘制闭合路径，填充图形为黑色，并设置描边色为无，效果如图 4-49 所示。选择"选择"工具，选择"对象 > 排列 > 置于底层"命令，将图形置于底层，效果如图 4-50 所示。

步骤 [5] 选择"直线"工具，按住 Shift 键的同时，在适当的位置绘制竖线。选择"选择"工具，在"控制"面板中将"描边粗细"选项 0.283 ÷ 设为 1 点，按 Enter 键，效果如图 4-51 所示。按住 Alt+Shift 组合键的同时，水平向右拖曳竖线到适当的位置，复制竖线，如图 4-52 所示。

图 4-49   图 4-50   图 4-51   图 4-52

步骤 [6] 选择"钢笔"工具，在适当的位置绘制闭合路径，设置图形填充色的 CMYK 值为 0、69、35、0，填充图形，并设置描边色为无，效果如图 4-53 所示。选择"旋转"工具，按住 Alt 键的同时，将旋转中心点拖曳到适当的位置，如图 4-54 所示，同时弹出"旋转"对话框，选项的设置如图 4-55 所示。单击"复制"按钮，效果如图 4-56 所示。

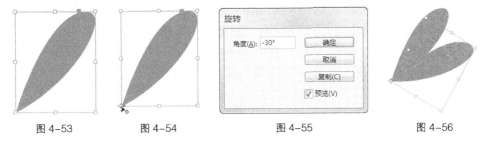

图 4-53   图 4-54   图 4-55   图 4-56

步骤 [7] 设置图形填充色的 CMYK 值为 0、100、0、0，填充图形，效果如图 4-57 所示。按 Ctrl+Alt+4 组合键，再次复制图形，如图 4-58 所示。设置图形填充色的 CMYK 值为 75、0、0、0，填充图形，效果如图 4-59 所示。

步骤 [8] 选择"选择"工具，按住 Shift 键的同时，依次选取图形，按 Ctrl+G 组合键，将其编组，并拖曳编组图形到适当的位置，如图 4-60 所示。用圈选的方法将所绘制的图形同时选取，并将其拖曳到页面中适当的位置，效果如图 4-61 所示。

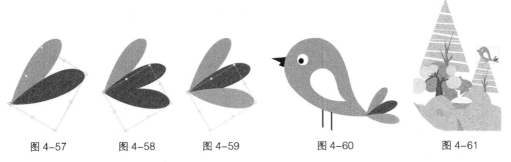

图 4-57   图 4-58   图 4-59   图 4-60   图 4-61

步骤 [9] 按住 Alt+Shift 组合键的同时，水平向左拖曳图形到适当的位置，复制图形，如图 4-62 所示。单击"控制"面板中的"水平翻转"按钮，水平翻转图形，如图 4-63 所示。

图 4-62

图 4-63

步骤 **10** 选择"直接选择"工具 ，按住 Shift 键的同时，依次选取图形，如图 4-64 所示。设置图形填充色的 CMYK 值为 75、0、0、0，填充图形，在页面空白处单击，取消图形选取，效果如图 4-65 所示。选择"选择"工具 ，拖曳右上角的控制手柄将其旋转到适当的角度，效果如图 4-66 所示。

图 4-64

图 4-65

图 4-66

6. 绘制云

步骤 **1** 选择"钢笔"工具 ，在页面中绘制闭合路径，如图 4-67 所示。选择"渐变"面板，在色带上选中左侧的渐变色标，设置 CMYK 的值为 0、0、0、0，选中右侧的渐变色标，设置 CMYK 的值为 100、0、0、0，其他选项的设置如图 4-68 所示。填充渐变色，并设置描边色为无，效果如图 4-69 所示。

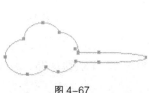

图 4-67

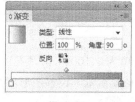

图 4-68

图 4-69

步骤 **2** 选择"选择"工具 ，选取图形，按住 Alt+Shift 组合键的同时，拖曳图形到适当的位置，复制图形，如图 4-70 所示。按 Ctrl+Alt+4 组合键，再次复制图形，单击"控制"面板中的"水平翻转"按钮 ，水平翻转图形，并拖曳到适当的位置，效果如图 4-71 所示。春天插画绘制完成，效果如图 4-72 所示。

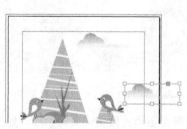

图 4-70

图 4-71

图 4-72

4.1.4　【相关知识】

1. 编辑描边

描边是指一个图形对象的边缘或路径。在系统默认的状态下，InDesign CS6 中绘制出的图形基本上已画出了细细的黑色描边。通过调整描边的宽度，可以绘制出不同宽度的描边线，如图 4-73 所示。还可以将描边设置为无。

应用工具箱下方的"描边"按钮，如图 4-74 所示，可以指定所选对象的描边颜色。当单击"互换填色和描边"按钮 或按 X 键时，可以切换填充显示框和描边显示框的位置。

图 4-73

图 4-74

在工具箱下方有 3 个按钮，分别是"应用颜色"按钮■、"应用渐变"按钮▣和"应用无"按钮▨。

◎ **设置描边的粗细**

选择"选择"工具▣，选取需要的图形，如图 4-75 所示。在"控制"面板中的"描边粗细"选项 0.283 点 ▾ 文本框中输入需要的数值，如图 4-76 所示，按 Enter 键确认操作，效果如图 4-77 所示。

图 4-75　　　　　　　　　　图 4-76　　　　　　　　　　图 4-77

选择"选择"工具▣，选取需要的图形，如图 4-78 所示。选择"窗口 > 描边"命令，或按 F10 键，弹出"描边"面板，在"粗细"选项的下拉列表中选择需要的笔画宽度值，或者直接输入合适的数值。本例宽度数值设置为 3 点，如图 4-79 所示，图形的笔画宽度被改变，效果如图 4-80 所示。

图 4-78　　　　　　　　　　图 4-79　　　　　　　　　　图 4-80

◎ 设置描边的填充

保持图形被选取的状态，如图 4-81 所示。选择"窗口 > 颜色 > 色板"命令，弹出"色板"面板，单击"描边"按钮，如图 4-82 所示。单击面板右上方的图标 ，在弹出的菜单中选择"新建颜色色板"命令，弹出"新建颜色色板"对话框，设置如图 4-83 所示。单击"确定"按钮，对象笔画的填充效果如图 4-84 所示。

图 4-81   图 4-82   图 4-83   图 4-84

保持图形被选取的状态，如图 4-85 所示。选择"窗口 > 颜色 > 颜色"命令，弹出"颜色"面板，设置如图 4-86 所示。或双击工具箱下方的"描边"按钮，弹出"拾色器"对话框，如图 4-87 所示，在对话框中可以调配所需的颜色，单击"确定"按钮，对象笔画的颜色填充效果如图 4-88 所示。

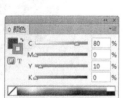
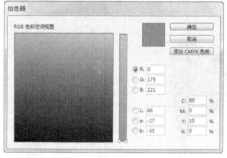

图 4-85   图 4-86   图 4-87   图 4-88

保持图形被选取的状态，如图 4-89 所示。选择"窗口 > 颜色 > 渐变"命令，在弹出的"渐变"面板中可以调配所需的渐变色，如图 4-90 所示，图形的描边渐变效果如图 4-91 所示。

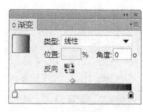

图 4-89   图 4-90   图 4-91

◎ 使用描边面板

选择"窗口 > 描边"命令，或按 F10 键，弹出"描边"面板，如图 4-92 所示。"描边"面板主要用来设置对象笔画的属性，如粗细、形状等。

在"描边"面板中，"斜接限制"选项可以设置笔画沿路径改变方向时的伸展长度。可以在其下拉列表中选择所需的数值，也可以在数值框中直接输入合适的数值，分别将"斜接限制"选项设置为"2"和"20"时的对象笔画效果分别如图 4-93 和图 4-94 所示。

图 4-92

图 4-93

图 4-94

在"描边"面板中，末端是指一段笔画的首端和尾端，可以为笔画的首端和尾端选择不同的顶点样式来改变笔画末端的形状。使用"钢笔"工具 绘制一段笔画，单击"描边"面板中的 3 个不同顶点样式的按钮 ，选定的顶点样式会应用到选定的笔画中，如图 4-95 所示。

平头端点

圆头端点

投射末端

图 4-95

结合是指一段笔画的拐点，结合样式就是指笔画拐角处的形状。该选项有斜接连接、圆角连接和斜面连接 3 种不同的转角结合样式。绘制多边形的笔画，单击"描边"面板中的 3 个不同转角结合样式按钮 ，选定的转角结合样式会应用到选定的笔画中，如图 4-96 所示。

斜接连接

圆角连接

斜面连接

图 4-96

在"描边"面板中，对齐描边是指在路径的内部、中间、外部设置描边，包括"描边对齐中心" 、"描边居内" 和"描边居外" 3 种样式。选定这 3 种样式应用到选定的笔画中，如图 4-97 所示。

描边对齐中心

描边居内

描边居外

图 4-97

中等职业教育数字艺术类规划教材

在"描边"面板中，在"类型"选项的下拉菜单中可以选择不同的描边类型，如图 4-98 所示。在"起点"和"终点"选项的下拉菜单中可以选择线段的首端和尾端的形状样式，如图 4-99 所示。

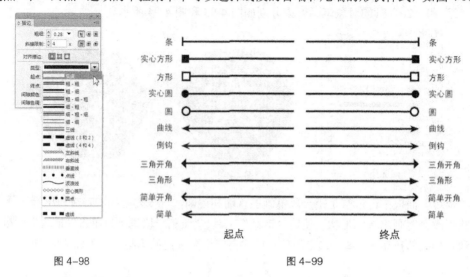

图 4-98　　　　　　　　　　　　　　图 4-99

在"描边"面板中，间隙颜色是设置除实线以外其他线段类型间隙之间的颜色，如图 4-100 所示，间隙颜色的多少由"色板"面板中的颜色决定。间隙色调是设置所填充间隙颜色的饱和度，如图 4-101 所示。

在"描边"面板中，在"类型"选项下拉菜单中选择"虚线"，"描边"面板下方会自动弹出虚线选项，可以创建描边的虚线效果。虚线选项中包括 6 个文本框，第 1 个文本框默认的虚线值为 12 点，如图 4-102 所示。

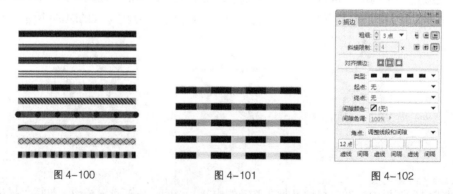

图 4-100　　　　　　　图 4-101　　　　　　　图 4-102

"虚线"选项用来设置每一虚线段的长度。数值框中输入的数值越大，虚线的长度就越长；反之，输入的数值越小，虚线的长度就越短。

"间隔"选项用来设置虚线段之间的距离。输入的数值越大，虚线段之间的距离越大；反之，输入的数值越小，虚线段之间的距离就越小。

"角点"选项用来设置虚线中拐点的调整方法，其中包括无、调整线段、调整间隙、调整线段和间隙 4 种调整方法。

2. 标准填充

◎ 使用工具箱填充

选择"选择"工具，选取需要填充的图形，如图 4-103 所示。双击工具箱下方的"填充"

按钮，弹出"拾色器"对话框，调配所需的颜色，如图 4-104 所示。单击"确定"按钮，对象的
颜色填充效果如图 4-105 所示。

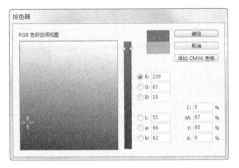

图 4-103　　　　　　　　　　图 4-104　　　　　　　　　　图 4-105

在"填充"按钮上按住鼠标左键将颜色拖曳到需要填充的路径或图形上，也可填充图形。

◎ 使用"颜色"面板填充

在 InDesign CS6 中也可以通过"颜色"面板设置对象的填充颜色，单击"颜色"面板右上方
的图标▼三，在弹出的菜单中选择当前取色时使用的颜色模式。无论选择哪一种颜色模式，面板中
都将显示出相关的颜色内容，如图 4-106 所示。

选择"窗口 > 颜色 > 颜色"命令，弹出"颜色"面板。"颜色"面板上的按钮▣用来进行
填充颜色和描边颜色之间的互相切换，操作方法与工具箱中按钮▣的使用方法相同。

将光标移动到取色区域，光标变为吸管形状，单击可以选取颜色，如图 4-107 所示。拖曳各
个颜色滑块或在各个数值框中输入有效的数值，可以调配出更精确的颜色。

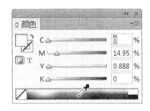

图 4-106　　　　　　　　　　　　　　　图 4-107

更改或设置对象的颜色时，单击选取已有的对象，在"颜色"面板中调配出新颜色，如图 4-108
所示，新选的颜色将被应用到当前选定的对象中，如图 4-109 所示。

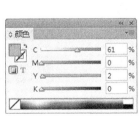

图 4-108　　　　　　　　　图 4-109

◎ 使用"色板"面板填充

选择"窗口 > 颜色 > 色板"命令，弹出"色板"面板，如图 4-110 所示。在"色板"面板
中单击需要的颜色，可以将其选中并填充选取的图形。

选择"选择"工具▶，选取需要填充的图形，如图 4-111 所示。选择"窗口 > 颜色 > 色板"

命令，弹出"色板"面板，单击面板右上方的图标，在弹出的菜单中选择"新建颜色色板"命令，弹出"新建颜色色板"对话框，选项设置如图 4-112 所示，单击"确定"按钮，对象的填充效果如图 4-113 所示。

图 4-110   图 4-111   图 4-112   图 4-113

在"色板"面板中单击并拖曳需要的颜色到要填充的路径或图形上，松开鼠标左键，也可以填充图形或描边。

3. 渐变填充

◎ 创建渐变填充

选取需要的图形，如图 4-114 所示。选择"渐变色板"工具，在图形中需要的位置单击设置渐变的起点并按住鼠标左键拖动，再次单击确定渐变的终点，如图 4-115 所示，松开鼠标，渐变填充的效果如图 4-116 所示。

图 4-114   图 4-115   图 4-116

选取需要的图形，如图 4-117 所示。选择"渐变羽化"工具，在图形中需要的位置单击设置渐变的起点并按住鼠标左键拖曳，再次单击确定渐变的终点，如图 4-118 所示，松开鼠标，渐变羽化的效果如图 4-119 所示。

图 4-117   图 4-118   图 4-119

◎ "渐变"面板

在"渐变"面板中可以设置渐变参数，可选择"线性"渐变或"径向"渐变，设置渐变的起始、中间和终止颜色，还可以设置渐变的位置和角度。

选择"窗口 > 颜色 > 渐变"命令，弹出"渐变"面板，如图 4-120 所示。从"类型"选项的下拉列表中可以选择"线性"或"径向"渐变方式，如图 4-121 所示。

在"角度"选项的数值框中显示当前的渐变角度,如图 4-122 所示。重新输入数值,如图 4-123 所示,按 Enter 键,可以改变渐变的角度,如图 4-124 所示。

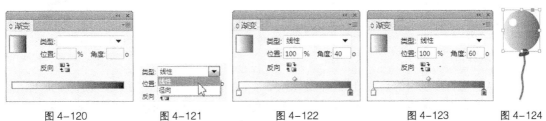

图 4-120　　　　　图 4-121　　　　　图 4-122　　　　　图 4-123　　　图 4-124

单击"渐变"面板下面的颜色滑块,在"位置"选项的文本框中显示出该滑块在渐变颜色中的颜色位置百分比,如图 4-125 所示,拖曳该滑块,改变该颜色的位置,将改变颜色的渐变梯度,如图 4-126 所示。

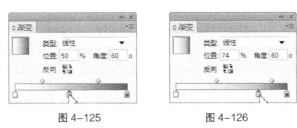

图 4-125　　　　　　　图 4-126

单击"渐变"面板中的"反向渐变"按钮 ，可将色谱条中的渐变反转,如图 4-127 所示。

原面板　　　　　　　　　反向后的面板

图 4-127

在渐变色谱条底边单击,可以添加一个颜色滑块,如图 4-128 所示,在"颜色"面板中调配颜色,如图 4-129 所示,可以改变添加滑块的颜色,如图 4-130 所示。用鼠标按住颜色滑块不放并将其拖出到"渐变"面板外,可以直接删除颜色滑块。

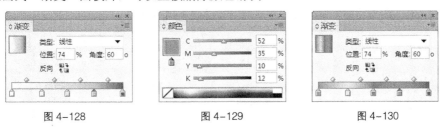

图 4-128　　　　　　　图 4-129　　　　　　　图 4-130

◎ **渐变填充的样式**

选择需要的图形,如图 4-131 所示。双击"渐变色板"工具 或选择"窗口 > 颜色 > 渐变"命令,弹出"渐变"面板。在"渐变"面板的色谱条中,显示程序默认的白色到黑色的线性渐变样式,如图 4-132 所示。在"渐变"面板"类型"选项的下拉列表中选择"线性"渐变,如图 4-133 所示,图形将被线性渐变填充,效果如图 4-134 所示。

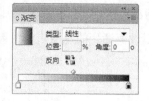

图 4-131   图 4-132   图 4-133   图 4-134

单击"渐变"面板中的起始颜色滑块，如图 4-135 所示，然后在"颜色"面板中调配所需的颜色，设置渐变的起始颜色。再单击终止颜色滑块，如图 4-136 所示，设置渐变的终止颜色，效果如图 4-137 所示。图形的线性渐变填充效果如图 4-138 所示。

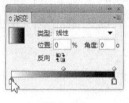
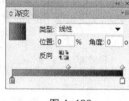
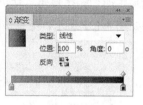

图 4-135   图 4-136   图 4-137   图 4-138

拖曳色谱条上边的控制滑块，可以改变颜色的渐变位置，如图 4-139 所示，这时"位置"选项文本框中的数值也会随之发生变化。同样，设置"位置"选项的文本框中的数值也可以改变颜色的渐变位置，图形的线性渐变填充效果也将改变，如图 4-140 所示。

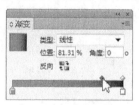

图 4-139   图 4-140

如果要改变颜色渐变的方向，可选择"渐变色板"工具 直接在图形中拖曳即可。当需要精确地改变渐变方向时，可通过"渐变"面板中的"角度"选项来控制图形的渐变方向。

选择绘制好的图形，如图 4-141 所示。双击"渐变色板"工具 或选择"窗口 > 颜色 > 渐变"命令，弹出"渐变"面板。在"渐变"面板的色谱条中，显示程序默认的白色到黑色的线性渐变样式，如图 4-142 所示。在"渐变"面板的"类型"选项下拉列表中选择"径向"渐变类型，如图 4-143 所示，图形将被径向渐变填充，效果如图 4-144 所示。

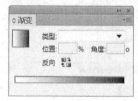

图 4-141   图 4-142   图 4-143   图 4-144

单击"渐变"面板中的起始颜色滑块 或终止颜色滑块 ，然后在"颜色"面板中调配颜色，可改变图形的渐变颜色，效果如图 4-145 所示。拖曳色谱条上边的控制滑块，可以改变颜色的中心渐变位置，效果如图 4-146 所示。使用"渐变色板"工具 拖曳，可改变径向渐变的中心位置，效果如图 4-147 所示。

图 4-145

图 4-146

图 4-147

4. "色板"面板

选择"窗口 > 颜色 > 色板"命令，弹出"色板"面板，如图 4-148 所示。"色板"面板提供了多种颜色，并且允许添加和存储自定义的色板。单击"显示所有色板"按钮 可以使所有的色板显示出来；"显示颜色色板"按钮 仅显示颜色色板；"显示渐变色板"按钮 仅显示渐变色板；"新建色板"按钮 用于定义和新建一个新的色板；"删除色板"按钮 可以将选定的色板从"色板"面板中删除。

◎ 添加色板

选择"窗口 > 颜色 > 色板"命令，弹出"色板"面板，单击面板右上方的图标 ，在弹出的菜单中选择"新建颜色色板"命令，弹出"新建颜色色板"对话框，如图 4-149 所示。在"颜色类型"下拉列表中选择新建的颜色是印刷色还是原色。"颜色模式"选项用来定义颜色的模式。拖曳滑块来改变色值，也可以在滑块右侧的文本框中直接输入数值，如图 4-150 所示。

图 4-148

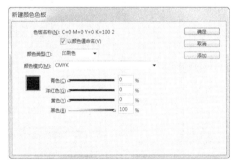
图 4-149

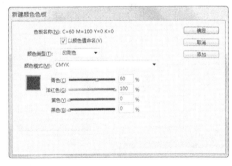
图 4-150

若勾选"以颜色值命名"复选框，添加的色板将以改变的色值命名；若不勾选该选项，可直接在"色板名称"选项的文本框中输入新色板的名称，如图 4-151 所示。单击"添加"按钮，可以添加色板并定义另一个色板，定义完成后，单击"确定"按钮即可。选定的颜色会出现在"色板"面板及工具箱的填充框或描边框中。

选择"窗口 > 颜色 > 色板"命令，弹出"色板"面板，单击面板右上方的图标 ，在弹出的菜单中选择"新建渐变色板"命令，弹出"新建渐变色板"对话框，如图 4-152 所示。

在"渐变曲线"的色谱条上单击终止颜色滑块 或起始颜色滑块 ，然后拖曳滑块或在滑块右侧的文本框中直接输入数值改变颜色，即可改变渐变颜色，如图 4-153 所示。单击色谱条也可以添加颜色滑块，设置颜色，如图 4-154 所示。在"色板名称"选项的文本框中输入新色板的名称。单击"添加"按钮，可以添加色板并定义另一个色板，定义完成后，单击"确定"按钮即可。选定的渐变会出现在色板面板以及工具箱的填充框或描边框中。

图 4-151

图 4-152

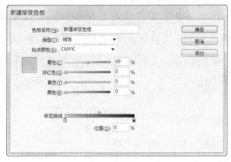

图 4-153

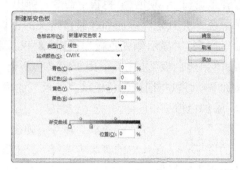

图 4-154

选择"窗口 > 颜色 > 颜色"命令，弹出"颜色"面板，拖曳各个颜色滑块或在各个数值框中输入需要的数值，如图 4-155 所示。单击面板右上方的图标，在弹出的菜单中选择"添加到色板"命令，如图 4-156 所示，在"色板"面板中将自动生成新的色板，如图 4-157 所示。

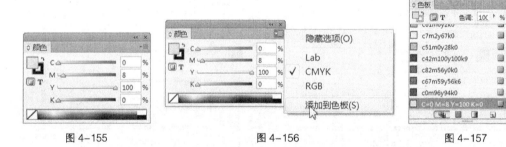

图 4-155　　　　　　　　　　图 4-156　　　　　　　　　　图 4-157

◎ 复制色板

选取一个色板，如图 4-158 所示，单击面板右上方的图标，在弹出的菜单中选择"复制色板"命令，"色板"面板中将生成色板的副本，如图 4-159 所示。

图 4-158

图 4-159

选取一个色板，单击面板下方的"新建色板"按钮，或拖曳色板到"新建色板"按钮上，均可复制色板。

◎ **编辑色板**

在"色板"面板中选取一个色板，双击该色板，可弹出"色板选项"对话框，在对话框中进行设置，单击"确定"按钮即可编辑色板。

单击面板右上方的图标，在弹出的菜单中选择"色板选项"命令也可以编辑色板。

◎ **删除色板**

在"色板"面板中选取一个或多个色板，在"色板"面板下方单击"删除色板"按钮，或将色板直接拖曳到"删除色板"按钮上，可删除色板。

单击面板右上方的图标，在弹出的菜单中选择"删除色板"命令也可以删除色板。

5. 创建和更改色调

◎ **通过色板面板添加新的色调色板**

在"色板"面板中选取一个色板，如图 4-160 所示，在"色板"面板上方拖曳滑块或在"色调"文本框中输入需要的数值，如图 4-161 所示。单击面板下方的"新建色板"按钮，在面板中生成以基准颜色的名称和色调的百分比为名称的色板，如图 4-162 所示。

图 4-160   图 4-161   图 4-162

在"色板"面板中选取一个色板，在"色板"面板上方拖曳滑块到适当的位置，单击右上方的图标，在弹出的菜单中选择"新建色调色板"命令也可以添加新的色调色板。

◎ **通过颜色面板添加新的色调色板**

在"色板"面板中选取一个色板，如图 4-163 所示，在"颜色"面板中拖曳滑块或在百分比框中输入需要的数值，如图 4-164 所示。单击面板右上方的图标，在弹出的菜单中选择"添加到色板"命令，如图 4-165 所示。在"色板"面板中自动生成新的色调色板，如图 4-166 所示。

图 4-163

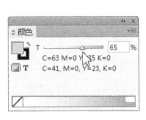

图 4-164   图 4-165   图 4-166

中等职业教育数字艺术类规划教材

6. 在对象之间复制属性

使用吸管工具可以将一个图形对象的属性（如描边、颜色、透明属性等）复制到另一个图形对像，可以快速、准确地编辑属性相同的图形对象。

原图形效果如图 4-167 所示。选择"选择"工具 ，选取需要的图形，选择"吸管"工具 ，将光标放在被复制属性的图形上，如图 4-168 所示，单击吸取图形的属性，选取的图形属性发生改变，效果如图 4-169 所示。

当使用"吸管"工具 吸取对象属性后，按住 Alt 键，吸管会转变方向并显示为空吸管，表示可以去吸新的属性。不松开 Alt 键，单击新的对象，如图 4-170 所示，吸取新对象的属性。松开鼠标和 Alt 键，效果如图 4-171 所示。

图 4-167　　　　图 4-168　　　　图 4-169　　　　图 4-170　　　　图 4-171

4.1.5　【实战演练】制作智能手机广告

使用矩形工具和渐变色板工具绘制渐变背景；使用直线工具、描边面板绘制斜线；使用文字工具添加标题文字和其他相关信息；使用椭圆工具、添加锚点工具和转换点命令绘制装饰图形。最终效果参看云盘中的"Ch04 > 效果 > 制作智能手机广告"，如图 4-172 所示。

图 4-172

4.2 制作扫码宣传单

4.2.1　【案例分析】

扫码关注，是现下很流行的推销方式，扫码可以使顾客更加了解自己的产品，一个好的宣传单，可以吸引顾客的注意力。本案例是为一家商场设计的加关注宣传单，设计要求简明扼要，富有动感。

4.2.2　【设计理念】

在设计思路上，以粉紫色作为主色调，选用几何图形作为背景元素，图形及色彩的搭配使画面充满动感，同时，凸显了主题文字，一目了然。最终效果参看云盘中的"Ch04 > 效果 > 制作扫码宣传单"，如图 4-173 所示。

4.2.3　【案例操作】

1. 绘制背景图形

图 4-173

扫码观看
本案例视频01

步骤 1 选择"文件 > 新建 > 文档"命令，弹出"新建文档"对话框，设置如图 4-174 所示。单击"边距和分栏"按钮，弹出"新建边距和分栏"对话框，设置如图 4-175 所示，单击"确定"按钮，新建一个页面。选择"视图 > 其他 > 隐藏框架边缘"命令，将所绘制图形的框架边缘隐藏。

图 4-174

图 4-175

步骤 2 选择"矩形"工具 ▢，在页面中绘制一个矩形，如图 4-176 所示。双击"渐变色板"工具 ▨，弹出"渐变"面板，在"类型"选项中选择"径向"，在色带上选中左侧的渐变色标并设置为白色，选中右侧的渐变色标，设置 CMYK 的值为 0、1、21、0，如图 4-177 所示，填充渐变色，并设置描边色为无，效果如图 4-178 所示。

图 4-176

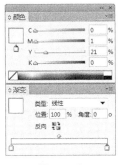

图 4-177

图 4-178

步骤 3 选择"矩形"工具 ▢，在页面中再绘制一个矩形，设置填充色的 CMYK 值为 0、27、0、0，填充图形，并设置描边色为无，效果如图 4-179 所示。在"控制"面板中，将"旋转角度"选项 △ ⬦ 0° ▼ 设为 22°，按 Enter 键，旋转图形，效果如图 4-180 所示。

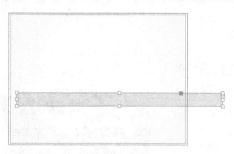

图 4-179

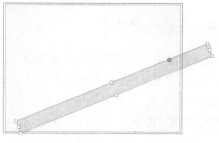

图 4-180

步骤 4 单击"控制"面板中的"向选定的目标添加对象效果"按钮 *fx.*，在弹出的菜单中选择"投影"命令，弹出"效果"对话框，选项的设置如图 4-181 所示，单击"确定"按钮，效果如图 4-182 所示。

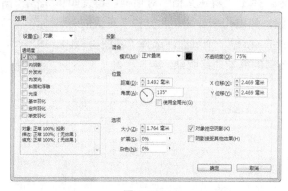

图 4-181

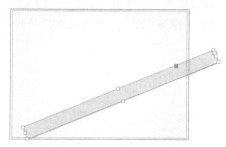

图 4-182

步骤 5 使用相同方法制作其他矩形并添加投影效果，如图 4-183 所示。选择"钢笔"工具 ，在适当的位置绘制一个闭合路径，将"控制"面板中的"描边粗细"选项 0.283 点 设为 7 点，按 Enter 键，效果如图 4-184 所示。

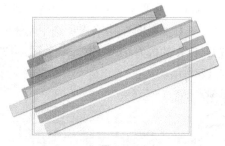

图 4-183

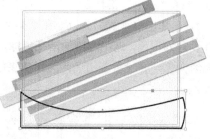

图 4-184

步骤 6 双击"渐变色板"工具 ，弹出"渐变"面板，在"类型"选项的下拉列表中选择"线性"，在色带上设置 3 个渐变色标，分别将渐变色标的位置设置为 0、51、88，并设置 CMYK 的值为 0（0、0、93、0），51（0、77、99、20），88（0、0、100、0），如图 4-185 所示，填充图形描边，效果如图 4-186 所示。

步骤 7 保持图形选取状态。按 X 键，切换为填色按钮。双击"渐变色板"工具 ，弹出"渐变"面板，在"类型"选项中选择"线性"，在色带上选中左侧的渐变色标，设置 CMYK 的值为 15、53、0、0，选中右侧的渐变色标，设置 CMYK 的值为 50、100、0、13，如图 4-187 所示，填充渐变色，效果如图 4-188 所示。

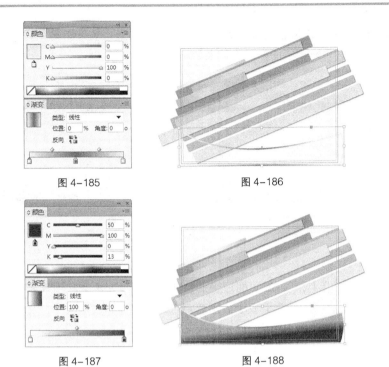

图 4-185　　　　　　　　　图 4-186

图 4-187　　　　　　　　　图 4-188

步骤 8　选择"选择"工具 ，按住 Shift 键的同时，单击其他图形，将其同时选取，按 Ctrl+G 组合键，将其编组，如图 4-189 所示。按 Ctrl+X 组合键，将编组图形剪切到剪贴板上。单击下方的矩形，选择"编辑 > 贴入内部"命令，将图片贴入矩形的内部，效果如图 4-190 所示。

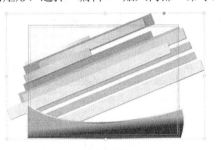

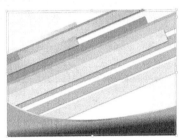

图 4-189　　　　　　　　　图 4-190

步骤 9　选择"椭圆"工具 ，在适当的位置绘制一个椭圆形，设置图形填充色的 CMYK 值为 32、0、13、0，填充图形，并设置描边色为无，效果如图 4-191 所示。在"控制"面板中将"不透明度"选项 100% 设为 61%，按 Enter 键，效果如图 4-192 所示。

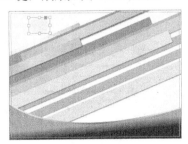

图 4-191　　　　　　　　　图 4-192

步骤 10　选择"选择"工具 ，按住 Alt 键的同时，向下拖曳图形到适当的位置，复制图形。

设置图形填充色的 CMYK 值为 41、52、0、0，填充图形，效果如图 4-193 所示。使用相同
复制其他图形，并填充相应的颜色，效果如图 4-194 所示。

图 4-193

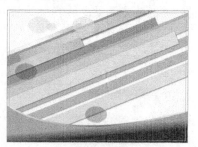

图 4-194

2. 添加并编辑文字

步骤 1　选择"文字"工具 T，在页面适当的位置分别拖曳文本框，输入需要的
文字并选取文字，在"控制"面板中分别选择合适的字体和文字大小，取消文
字选取状态，效果如图 4-195 所示。

步骤 2　选择"选择"工具 ，选取文字"关"，在"控制"面板中将"X 切变
角度"选项 0°　▼ 设为 15°，按 Enter 键，图形倾斜变形，效果如图 4-196 所示。

图 4-195

图 4-196

步骤 3　单击工具箱中的"格式针对文本"按钮 T，双击"渐变色板"工具 ，弹出"渐变"
面板，在"类型"选项的下拉列表中选择"线性"，在色带上设置 9 个渐变色标，分别将渐
变色标的位置设置为 19、22、44、65、66、81、85、95、97，并设置 CMYK 的值为 19（0、
0、0、100），22（0、84、9、27），44（23、100、0、25），65（13、93、4、26），66（0、0、
0、100），81（0、43、21、63），85（0、100、48、13），95（0、59、29、48），97（0、0、
0、100），如图 4-197 所示，填充渐变色，并填充描边为白色，效果如图 4-198 所示。

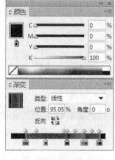

图 4-197

图 4-198

步骤 4 选择"窗口 > 描边"命令，弹出"描边"面板，单击"描边居外"按钮 ，其他选项的设置如图 4-199 所示，文字效果如图 4-200 所示。

图 4-199

图 4-200

步骤 5 单击"控制"面板中的"向选定的目标添加对象效果"按钮 fx.，在弹出的菜单中选择"斜面和浮雕"命令，弹出"效果"对话框，选项的设置如图 4-201 所示，单击"确定"按钮，效果如图 4-202 所示。

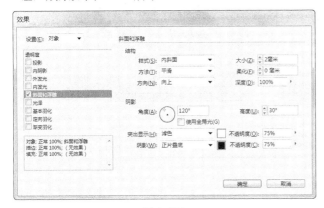

图 4-201

图 4-202

步骤 6 使用相同方法制作其他文字，效果如图 4-203 所示。选择"选择"工具 ，选取最下方的文字，单击"控制"面板中的"向选定的目标添加对象效果"按钮 fx.，在弹出的菜单中选择"投影"命令，弹出"效果"对话框，选项的设置如图 4-204 所示，单击"确定"按钮，效果如图 4-205 所示。

图 4-203

图 4-204

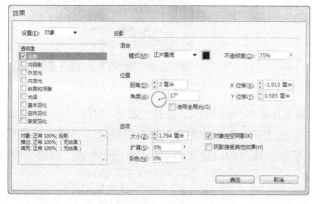

图 4-205

3. 绘制装饰图形

步骤 1 选择"钢笔"工具 ，在适当的位置绘制一个闭合路径，如图 4-206 所示。填充图形为白色，并设置描边色为无，连续按 Ctrl+ [组合键，将图形向后移动到适当的位置，效果如图 4-207 所示。

步骤 2 保持图形选取状态。单击"控制"面板中的"向选定的目标添加对象效果"按钮 ，在弹出的菜单中选择"投影"命令，弹出"效果"对话框，选项的设置如图 4-208 所示，单击"确定"按钮，效果如图 4-209 所示。

扫码观看
本案例视频03

图 4-206

图 4-207

图 4-208

图 4-209

步骤 3 在页面空白处单击，取消图形选取状态。选择"文件 > 置入"命令，弹出"置入"对话框，选择云盘中的"Ch04 > 素材 > 制作扫码宣传单 > 01"文件，单击"打开"按钮，在页面空白处单击鼠标左键置入图片。选择"自由变换"工具 ，将图片拖曳到适当的位置并调整其大小，效果如图 4-210 所示。

步骤 4 单击"控制"面板中的"向选定的目标添加对象效果"按钮 ，在弹出的菜单中选择"投影"命令，弹出"效果"对话框，选项的设置如图 4-211 所示，单击"确定"按钮，效果如图 4-212 所示。

步骤 5 在页面空白处单击，取消文字选取状态，加关注宣传单制作完成，效果如图 4-213 所示。

图 4-210

图 4-211

图 4-212

图 4-213

4.2.4　【相关知识】

1. 透明度

选择"选择"工具，选取需要的图形对象，如图 4-214 所示。选择"窗口 > 效果"命令，或按 Ctrl+Shift+F10 组合键，弹出"效果"面板，在"不透明度"选项中拖曳滑块或在百分比框中输入需要的数值，"组：正常"选项的百分比自动显示为设置的数值，如图 4-215 所示，对象的不透明度效果如图 4-216 所示。

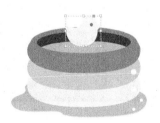

图 4-214

图 4-215

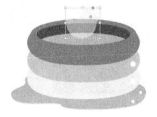

图 4-216

单击"描边：正常 100%"选项，在"不透明度"选项中拖曳滑块或在百分比框中输入需要的数值，"描边：正常"选项的百分比自动显示为设置的数值，如图 4-217 所示，对象描边的不透明度效果如图 4-218 所示。

单击"填充：正常 100%"选项，在"不透明度"选项中拖曳滑块或在百分比框中输入需要的数值，"填充：正常"选项的百分比自动显示为设置的数值，如图 4-219 所示，对象填充的不透明度效果如图 4-220 所示。

   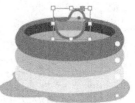

图 4-217　　　　　　图 4-218　　　　　　图 4-219　　　　　　图 4-220

2. 混合模式

使用混合模式选项可以在两个重叠对象间混合颜色，更改上层对象与底层对象间颜色的混合方式。使用混合模式制作出的效果如图 4-221 所示。

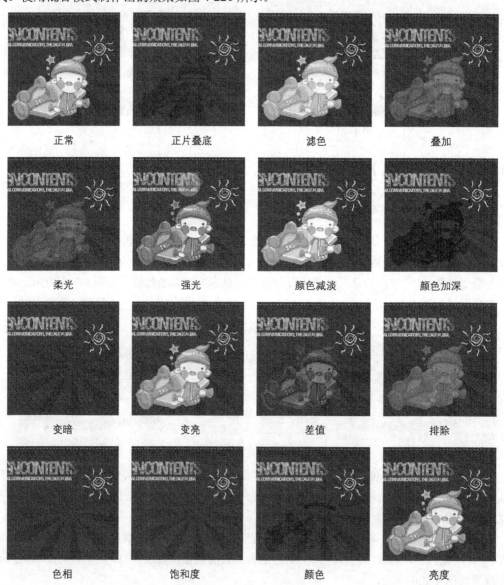

图 4-221

3. 特殊效果

特殊效果用于向选定的目标添加特殊的对象效果，使图形对象产生变化。单击"效果"面板下方的"向选定的目标添加对象效果"按钮 *fx.*，在弹出的菜单中选择需要的命令，如图 4-222 所示。为对象添加不同的效果，如图 4-223 所示。

图 4-222

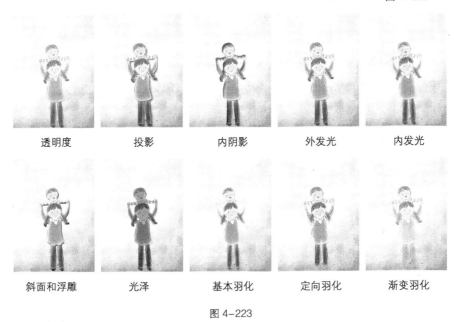

透明度　　　　投影　　　　内阴影　　　　外发光　　　　内发光

斜面和浮雕　　　光泽　　　　基本羽化　　　定向羽化　　　渐变羽化

图 4-223

4. 清除效果

选取应用效果的图形，在"效果"面板中单击"清除所有效果并使对象变为不透明"按钮，清除对象应用的效果。选择"对象 > 效果"命令或单击"效果"面板右上方的图标，在弹出的菜单中选择"清除效果"命令，可以清除图形对象的特殊效果；单击"清除全部透明度"命令，可以清除图形对象应用的所有效果。

4.2.5　【实战演练】制作开业宣传单

使用置入命令、渐变色板工具和效果面板制作背景效果；使用文字工具、创建轮廓命令和贴入内部命令制作标题文字；使用椭圆工具、贴入内部命令制作图片剪切效果；使用椭圆工具、钢笔工具和路径查找器面板绘制标志。最终效果参看云盘中的"Ch04 > 效果 > 制作开业宣传单"，如图 4-224 所示。

图 4-224

4.3 综合案例——制作入场券

4.3.1 【案例分析】

入场券作为一个活动的"名片"，有着它特殊的功能与价值，它不仅表达了活动主题，还代表了主办方对来宾的尊重和诚意。

4.3.2 【设计理念】

在设计过程中，色彩丰富，向所有来宾展示了活动的盛大和隆重，也让入场券体现出活动热闹的气息，醒目的标题突出了活动主题，右侧重要的位置处详细地列出了活动内容。

4.3.3 【要点提示】

使用椭圆工具和基本羽化命令制作羽化效果；使用文字工具、字符面板添加并编辑文字；使用渐变色板工具为文字填充渐变色。最终效果参看云盘中的"Ch04 > 效果 > 制作入场券"，如图 4-225 所示。

图 4-225

第5章　编辑文本

InDesign CS6 具有强大的编辑和处理文本的功能。通过本章的学习，读者可以了解并掌握应用 InDesign CS6 处理文本的方法和技巧，为在排版工作中快速处理文本打下良好的基础。

 课堂学习目标

- 掌握文本及文本框的编辑方法
- 掌握文本绕排面板的使用方法
- 掌握路径文字的制作方法

5.1　制作环保宣传册封面

5.1.1　【案例分析】

倡导节能环保，用以节约现有能源消耗量，提倡环保型新能源开发，造福社会。而环保宣传是其中必要的宣传方法和传播手段。

5.1.2　【设计理念】

在设计思路上，通过蓝色的背景，树木及书籍的结合很好的体现出节能环保的理念。整体颜色的搭配清新干净，体现出人与自然和谐相处，相辅相成的概念。最终效果参看云盘中的"Ch05 > 效果 > 制作环保宣传册封面"，如图 5-1 所示。

图 5-1

5.1.3　【案例操作】

1. 绘制背景

步骤 1 选择"文件 > 新建 > 文档"命令，弹出"新建文档"对话框，设置如图 5-2 所示。单击"边距和分栏"按钮，弹出"新建边距和分栏"对话框，设置如图 5-3 所示，单击"确定"按钮，新建一个页面。选择"视图 > 其他 > 隐藏框架边缘"命令，将所绘制图形的框架边缘隐藏。

扫码观看
本案例视频01

中等职业教育数字艺术类规划教材

图 5-2 图 5-3

步骤 2 选择"文件 > 置入"命令，弹出"置入"对话框，选择云盘中的"Ch05 > 素材 > 制作环保宣传册封面 > 01"文件，单击"打开"按钮，在页面空白处单击鼠标左键置入图片，选择"自由变换"工具，将图片拖曳到适当的位置并调整其大小，效果如图 5-4 所示。

步骤 3 选择"钢笔"工具，在页面中绘制闭合路径，如图 5-5 所示。选择"选择"工具，选取图片，按 Ctrl+X 组合键，剪切图片。选取路径，选择"编辑 > 贴入内部"命令，将图片贴入图形内部，并设置描边色为无，效果如图 5-6 所示。

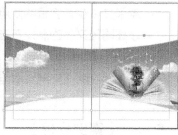

图 5-4 图 5-5 图 5-6

步骤 4 选择"钢笔"工具，在页面中绘制闭合路径，如图 5-7 所示。设置图形填充色的 CMYK 值为 100、0、0、0，填充图形，并设置描边色为无，效果如图 5-8 所示。选择"选择"工具，选取图形，按住 Alt+Shift 组合键的同时，垂直向下拖曳图形到适当的位置，复制图形，如图 5-9 所示。

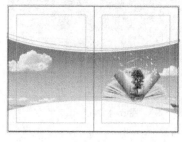
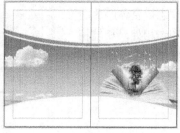

图 5-7 图 5-8 图 5-9

步骤 5 单击"控制"面板中的"水平翻转"按钮，水平翻转图形，效果如图 5-10 所示。再单击"垂直翻转"按钮，垂直翻转图形，效果如图 5-11 所示。

步骤 6 保持图形的选取状态。设置图形填充色的 CMYK 值为 45、0、100、0，填充图形，效果如图 5-12 所示。

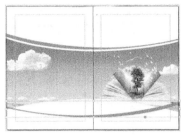
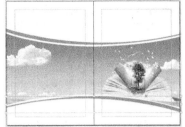
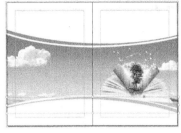

图 5-10　　　　　　　　　图 5-11　　　　　　　　　图 5-12

2. 绘制 LOGO

步骤 1　选择"钢笔"工具 ，在页面外绘制闭合路径，如图 5-13 所示。设置图形填充色的 CMYK 值为 75、5、100、0，填充图形，并设置描边色为无，效果如图 5-14 所示。

扫 码 观 看
本案例视频02

步骤 2　选择"椭圆"工具 ，按住 Shift 键的同时，在适当的位置绘制圆形，设置图形填充色的 CMYK 值为 45、0、100、0，填充图形，并设置描边色为无，效果如图 5-15 所示。

步骤 3　选择"钢笔"工具 ，在页面中绘制闭合路径，设置图形填充色的 CMYK 值为 0、42、100、0，填充图形，并设置描边色为无，效果如图 5-16 所示。

图 5-13　　　　　　　　图 5-14　　　　　　　　图 5-15　　　　　　　　图 5-16

步骤 4　选择"文字"工具 ，在页面中拖曳一个文本框，输入需要的文字。将输入的文字同时选取，如图 5-17 所示。在"控制"面板中选择合适的字体并设置文字大小，效果如图 5-18 所示。

步骤 5　选择"选择"工具 ，选取文字，设置文字填充色的 CMYK 值为 75、5、100、0，填充文字，效果如图 5-19 所示。选择"文字"工具 ，选取文字"环保"，设置文字填充色的 CMYK 值为 0、42、100、0，填充文字，效果如图 5-20 所示。

图 5-17　　　　　　　　图 5-18　　　　　　　　图 5-19　　　　　　　　图 5-20

步骤 6　选择"文字"工具 ，在页面中拖曳一个文本框，输入需要的文字。将输入的文字同时选取，在"控制"面板中选择合适的字体并设置文字大小。设置文字填充色的 CMYK 值为 0、0、0、50，填充文字，如图 5-21 所示。选择"选择"工具 ，用圈选的方法将所绘制的图形和输入的文字同时选取，按 Ctrl+G 组合键，将其编组。

步骤 7 选择"选择"工具 ，拖曳编组图形到页面中适当的位置，效果如图 5-22 所示。按住 Alt+Shift 组合键的同时，向下拖曳图形到适当的位置，复制图形，效果如图 5-23 所示。

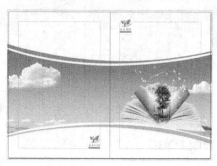

图 5-21 　　　　　图 5-22 　　　　　　　图 5-23

3. 添加其他文字

步骤 1 选择"文字"工具 ，在页面中分别拖曳文本框，输入需要的文字，分别选取输入的文字，在"控制"面板中选择合适的字体并设置文字大小，如图 5-24 所示。选取需要的文字，设置文字填充色的 CMYK 值为 75、5、100、0，填充文字，效果如图 5-25 所示。

步骤 2 选取需要的文字，如图 5-26 所示。设置文字描边色的 CMYK 值为 0、0、0、50，填充文字描边，并设置文字填充色为无，效果如图 5-27 所示。

图 5-24 　　　　　图 5-25 　　　　　图 5-26 　　　　　图 5-27

步骤 3 选择"文字"工具 ，在页面中拖曳文本框，输入需要的文字，选取输入的文字，在"控制"面板中选择合适的字体并设置文字大小，效果如图 5-28 所示。设置文字填充色的 CMYK 值为 0、0、0、50，填充文字，效果如图 5-29 所示。

图 5-28 　　　　　　　　　　　　　　　图 5-29

步骤 4 选择"椭圆"工具 ，按住 Shift 键的同时，在页面中绘制圆形，设置填充色的 CMYK 值为 45、0、100、0，填充图形，并设置描边色为无，效果如图 5-30 所示。按住 Alt+Shift 组合键的同时，水平向右拖曳图形到适当的位置，复制图形，效果如图 5-31 所示。

图 5-30 　　　　　　　　　　　　　　　图 5-31

步骤 5 选择"文字"工具 ，在页面中分别拖曳文本框，输入需要的文字，分别选取输入的文字，在"控制"面板中选择合适的字体并设置文字大小，如图 5-32 所示。

步骤 6　将需要的文字选取，如图 5-33 所示。在"控制"面板中将"字符间距"选项 AV 0 ▼ 设为 900，按 Enter 键，效果如图 5-34 所示。填充文字为白色，效果如图 5-35 所示。

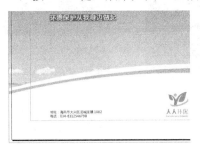

图 5-32

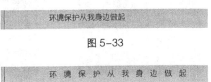

图 5-33

图 5-34

图 5-35

步骤 7　将需要的文字选取，如图 5-36 所示。设置文字填充色的 CMYK 值为 0、0、0、50，填充文字，效果如图 5-37 所示。节能环保宣传册封面制作完成，效果如图 5-38 所示。

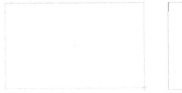

图 5-36

图 5-37

图 5-38

5.1.4　【相关知识】

1. 使用文本框

◎ 创建文本框

选择"文字"工具 T，在页面中适当的位置单击并按住鼠标左键不放，拖曳到适当的位置，如图 5-39 所示。松开鼠标左键创建文本框，文本框中会出现插入点光标，如图 5-40 所示。在拖曳时按住 Shift 键，可以拖曳一个正方形的文本框，如图 5-41 所示。

图 5-39

图 5-40

图 5-41

◎ 移动和缩放文本框

选择"选择"工具 ，直接拖曳文本框至需要的位置。

使用"文字"工具 T，按住 Ctrl 键的同时，将光标置于已有的文本框中，光标变为选择工具 ，如图 5-42 所示。单击并拖曳文本框至适当的位置，如图 5-43 所示。松开鼠标左键和 Ctrl

键，被移动的文本框处于选取状态，如图 5-44 所示。

  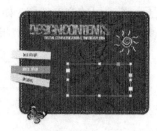

图 5-42　　　　　　　　　　图 5-43　　　　　　　　　　图 5-44

在文本框中编辑文本时，也可按住 Ctrl 键移动文本框。用这个方法移动文本框可以不用切换工具，也不会丢失当前的文本插入点或选中的文本。

选择"选择"工具，选取需要的文本框，拖曳文本框中的任何控制手柄，可缩放文本框。

选择"文字"工具，按住 Ctrl 键，将光标置于要缩放的文本上，将自动显示该文本的文本框，如图 5-45 所示。拖曳文本框上的控制手柄到适当的位置，如图 5-46 所示，可以缩放文本框，效果如图 5-47 所示。

图 5-45　　　　　　　　　　图 5-46　　　　　　　　　　图 5-47

提　示　　选择"选择"工具，选取需要的文本框，按住 Ctrl 键或选择"缩放"工具，可缩放文本框及文本框中的文本。

2. 添加文本

◎ 输入文本

选择"文字"工具，在页面中适当的位置拖曳鼠标创建文本框，当松开鼠标左键时，文本框中会出现插入点光标，直接输入文本即可。

选择"选择"工具或选择"直接选择"工具，在已有的文本框内双击，文本框中会出现插入点光标，直接输入文本即可。

◎ 粘贴文本

可以从 InDesign 文档或其他应用程序中粘贴文本。当从其他程序中粘贴文本时，通过设置"编辑 > 首选项 > 剪贴板处理"命令弹出的对话框中的选项，决定 InDesign 是否保留原来的格式，以及是否将用于文本格式的任意样式都添加到段落样式面板中。

◎ 置入文本

选择"文件 > 置入"命令，弹出"置入"对话框，在"查找范围"选项的下拉列表中选择要置入的文件所在的位置并单击文件名，如图 5-48 所示。单击"打开"按钮，在适当的位置拖曳鼠标置入文本，效果如图 5-49 所示。

图 5-48

图 5-49

在"置入"对话框中，各复选框的功能介绍如下。

勾选"显示导入选项"复选框，显示出包含所置入文件类型的导入选项对话框。单击"打开"按钮，弹出"导入选项"对话框，设置需要的选项，单击"确定"按钮，即可置入文本。

勾选"应用网格格式"复选框，置入的文本将自动嵌套在网格中。单击"打开"按钮，可置入嵌套与网格中的文本。

勾选"替换所选项目"复选框，置入的文本将替换当前所选文本框架的内容。单击"打开"按钮，可置入替换所有项目的文本。

勾选"创建静态题注"复选框，置入图片时会自动生成题注。

如果没有指定接收文本框，光标会变为载入文本图符，单击或拖动可置入文本。

◎ 使框架适合文本

选择"选择"工具，选取需要的文本框，如图 5-50 所示。选择"对象 > 适合 > 使框架适合内容"命令，可以使文本框适合文本，效果如图 5-51 所示。

图 5-50

图 5-51

如果文本框中有过剩文本，可以使用"使框架适合内容"命令自动扩展文本框的底部来适应文本内容。如果文本框是串接的一部分，便不能使用此命令扩展文本框。

3. 串接文本框

文本框中的文字可以独立于其他的文本框，或是在相互连接的文本框中流动。相互连接的文本框可以在同一个页面或跨页，也可以在不同的页面。文本串接是指在文本框之间连接文本的过程。

选择"视图 > 其他 > 显示文本串接"命令，选择"选择"工具，选取任意文本框，显示文本串接，如图 5-52 所示。

图 5-52

◎ **创建串接文本框**

选择“选择”工具，选取需要的文本框，如图 5-53 所示。单击它的出口调出加载文本图符，在文档中适当的位置拖曳出新的文本框，如图 5-54 所示。松开鼠标左键，创建串接文本框，过剩的文本自动流入新创建的文本框中，效果如图 5-55 所示。

图 5-53

图 5-54

图 5-55

选择“选择”工具，将鼠标置于要创建串接的文本框的出口，如图 5-56 所示。单击调出加载文本图符，将其置于要连接的文本框之上，加载文本图符变为串接图符，如图 5-57 所示。单击创建两个文本框间的串接，效果如图 5-58 所示。

图 5-56

图 5-57

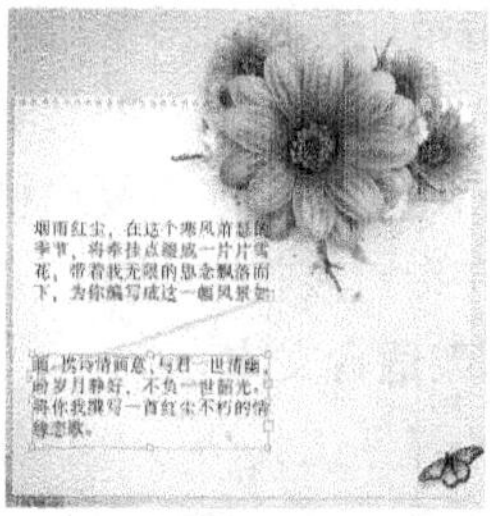
图 5-58

◎ **取消文本框串接**

选择“选择”工具，单击一个与其他文本框串接的文本框的出口（或入口），如图 5-59 所示，出现加载图符后，将其置于文本框内，使其显示为解除串接图符，如图 5-60 所示，单击该文本框，取消文本框之间的串接，效果如图 5-61 所示。

图 5-59

图 5-60

图 5-61

选择“选择”工具，选取一个串接文本框，双击该文本框的出口，可取消文本框之间的串接。

◎ **手工或自动排文**

在置入文本或是单击文本框的出入口后，光标会变为载入文本图符时，就可以在页面上排文了。当载入文本图符位于辅助线或网格的捕捉点时，黑色的光标变为白色图符。

选择“选择”工具，单击文本框的出口，光标会变为载入文本图符，拖曳到适当的位置，如图 5-62 所示，单击创建一个与栏宽等宽的文本框，文本自动排入框中，效果如图 5-63 所示。

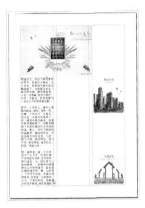

图 5-62 图 5-63

选择"选择"工具 ，单击文本框的出口，如图 5-64 所示，光标会变为载入文本图符 ，按住 Alt 键，光标会变为半自动排文图符 ，拖曳到适当的位置，如图 5-65 所示。单击创建一个与栏宽等宽的文本框，文本排入框中，如图 5-66 所示。不松开 Alt 键，继续在适当的位置单击，可置入过剩的文本，效果如图 5-67 所示，松开 Alt 键后，光标会自动变为载入文本图符 。

图 5-64 图 5-65 图 5-66

选择"选择"工具 ，单击文本框的出口，光标会变为载入文本图符 ，按住 Shift 键的同时，光标会变为自动排文图符 ，拖曳到适当的位置，如图 5-68 所示，单击鼠标左键，自动创建与栏宽等宽的多个文本框，效果如图 5-69 所示。若文本超出文档页面，将自动新建文档页面，直到所有的文本都排入文档中。

图 5-67 图 5-68 图 5-69

提 示 进行自动排文本时，光标变为载入文本图符后，按住 Shift+Alt 组合键，光标会变为固定页面自动排文图符。在页面中单击排文时，将所有文本都自动排列到当前页面中，但不添加页面，任何剩余的文本都将成为溢流文本。

4. 设置文本框属性

选择"选择"工具 ，选取一个文本框，如图 5-70 所示。选择"对象 > 文本框架选项"命令，弹出"文本框架选项"对话框，如图 5-71 所示。设置需要的数值可改变文本框属性。

图 5-70

图 5-71

"列数"选项组可以设置固定的数字、宽度和弹性宽度，其中"栏数""栏间距""宽度"和"最大值"选项分别设置文本框的分栏数、栏间距、栏宽和宽度最大值。

在"文本框架选项"对话框中设置需要的数值，如图 5-72 所示，单击"确定"按钮，效果如图 5-73 所示。

图 5-72

图 5-73

"平衡栏"复选框：勾选此选项，可以使分栏后文本框中的文本保持平衡。

"内边距"选项组：设置文本框上、下、左、右边距的偏离值。

"垂直对齐"选项组中的"对齐"选项设置文本框与文本的对齐方式，在其下拉列表中包括上、居中、下和两端对齐。

5. 插入字形

选择"文字"工具 ，在文本框中单击插入光标，如图 5-74 所示。选择"文字 > 字形"命令，弹出"字形"面板，在面板下方设置需要的字体和字体风格，选取需要的字形，如图 5-75 所示，双击字形图标在文本中插入字形，效果如图 5-76 所示。

图 5-74　　　　　　　　图 5-75　　　　　　　　图 5-76

6. 随文框

◎ 创建随文框

选择"选择"工具 ，选取需要的图形，如图 5-77 所示，按 Ctrl+X 组合键（或按 Ctrl+C 组合键）剪切（或复制）图形。选择"文字"工具 ，在文本框中单击插入光标，如图 5-78 所示。按 Ctrl+V 组合键，创建随文框，效果如图 5-79 所示。

选择"文字"工具 ，在文本框中单击插入光标，如图 5-80 所示。选择"文件 > 置入"命令，在弹出的对话框中选取要导入的图形文件，单击"打开"按钮，创建随文框，如图 5-81 所示。

图 5-77　　　　　图 5-78　　　　　图 5-79　　　　　图 5-80　　　　　图 5-81

提　示　随文框是将框贴入或置入文本，或是将字符转换为外框。随文框可以包含文本或图形，可以用文字工具选取。

◎ 移动随文框

选择"文字"工具 ，选取需要移动的随文框，如图 5-82 所示。在"控制"面板中的"基线偏移"选项 文本框中输入需要的数值，如图 5-83 所示。取消选取状态，随文框的移动效果如图 5-84 所示。

图 5-82　　　　　　　　　图 5-83　　　　　　　　图 5-84

选择"文字"工具 ，选取需要移动的随文框，如图 5-85 所示。在"控制"面板中的"字符间距"选项 文本框中输入需要的数值，如图 5-86 所示。取消选取状态，随文框的移动效果如图 5-87 所示。

中等职业教育数字艺术类规划教材

图 5-85   图 5-86   图 5-87

选择"选择"工具 或"直接选择"工具 ，选取随文框，沿着与基线垂直的方向向上（或向下）拖曳，可移动随文框。但不能沿水平方向拖曳随文框，也不能将框底拖曳至基线以上或是将框顶拖曳至基线以下。

◎ 清除随文框

选择"选择"工具 或"直接选择"工具 ，选取随文框，选择"编辑 > 清除"命令或按 Delete 键、Backspace 键，即可清除随文框。

5.1.5　【实战演练】制作环保宣传册内页 1

使用置入命令置入素材图片；使用直线工具绘制装饰线条；使用文字工具、段落面板添加介绍性文字。最终效果参看云盘中的"Ch05 > 效果 > 制作环保宣传册内页 1"，如图 5-88 所示。

扫码观看本案例视频

图 5-88

5.2 ｜ 制作环保宣传册内页 2

5.2.1　【案例分析】

环境保护一般是指人类为解决现实或潜在的环境问题，协调人类与环境的关系，保护人类的生存环境、保障经济社会的可持续发展。而环保宣传是其中必要的宣传方法和传播手段。

5.2.2　【设计理念】

在设计思路上，以绿色为主色调，体现出环境保护的主体思想，色块及图片的搭配清新干净，体现出人与自然和谐相处，相辅相成的概念。最终效果参看云盘中的"Ch05 > 效果 > 制作环保宣传册内页 2"，如图 5-89 所示。

图 5-89

5.2.3　【案例操作】

1. 制作标题栏目

扫码观看
本案例视频01

步骤 1 选择"文件 > 新建 > 文档"命令，弹出"新建文档"对话框，设置如图 5-90 所示。单击"边距和分栏"按钮，弹出"新建边距和分栏"对话框，设置如图 5-91 所示，单击"确定"按钮，新建一个页面。选择"视图 > 其他 > 隐藏框架边缘"命令，将所绘制图形的框架边缘隐藏。

图 5-90　　　　　　　　　　　　　　　　图 5- 91

步骤 2 选择"文件 > 置入"命令，弹出"置入"对话框，选择云盘中的"Ch05 > 素材 > 制作环保宣传册内页 2 > 01"文件，单击"打开"按钮，在页面空白处单击鼠标左键置入图片。选择"自由变换"工具，将图片拖曳到适当的位置并调整其大小。选择"选择"工具，裁切图片，效果如图 5-92 所示。

步骤 3 选择"文字"工具，在页面中拖曳一个文本框，输入需要的文字，将输入的文字选取，在"控制"面板中选择合适的字体并设置文字大小，效果如图 5-93 所示。在"控制"面板中将"行距"选项设为 46，按 Enter 键，效果如图 5-94 所示。

图 5-92　　　　　　　　　　图 5-93　　　　　　　　　　图 5-94

步骤 4 保持文字选取状态。设置文字填充色的 CMYK 值为 45、0、100、0，填充文字，效果如图 5-95 所示。用相同的方法输入其他文字，在"控制"面板中选择合适的字体并设置文字大小，设置文字填充色的 CMYK 值为 0、0、0、50，填充文字，效果如图 5-96 所示。

图 5-95　　　　　　　　　　　图 5-96

2. 制作文字栏目

步骤 1 选择"矩形"工具，在适当的位置绘制矩形，如图 5-97 所示。设置图形填充色的 CMYK 值为 45、0、100、0，填充图形，并设置描边色为无，效果如图 5-98 所示。

扫码观看
本案例视频02

步骤 2 选择"直排文字"工具，在页面中拖曳一个文本框，输入需要的文字。将输入的文字选取，在"控制"面板中选择合适的字体并设置文字大小，填充文字为白色，效果如图 5-99 所示。用相同的方法输入其他文字，效果如图 5-100 所示。

图 5-97　　　　　　图 5-98　　　　　　图 5-99　　　　图 5-100

步骤 3 选择"文字"工具，在页面中拖曳一个文本框，输入需要的文字，将输入的文字选取，在"控制"面板中选择合适的字体并设置文字大小，设置文字填充色的 CMYK 值为 0、0、0、50，填充文字，效果如图 5-101 所示。用相同的方法输入其他文字，将输入的文字选取，效果如图 5-102 所示。

图 5-101　　　　　　　　　　图 5-102

步骤 4 保持文字的选取状态，选择"窗口 > 文字和表 > 段落"命令，弹出"段落"面板，在"首行缩进"文本框中输入需要的数值，如图 5-103 所示，按 Enter 键，效果如图 5-104 所示。

图 5-103　　　　　　　　　　图 5-104

步骤 5 保持文字的选取状态，在"控制"面板中将"行距"选项 ▼ 自动 ▼ 设为 14，如图 5-105 所示。取消选取状态，效果如图 5-106 所示。

图 5-105　　　　　　　　　　　　　　　　　　　图 5-106

步骤 6 选择"选择"工具，按住 Shift 键的同时，选取图形与文字。按住 Alt+Shift 组合键的同时，垂直向下拖曳到适当的位置，复制图形和文字，效果如图 5-107 所示。分别选取文字，并将其重新修改，效果如图 5-108 所示。

步骤 7 选择"选择"工具，选取左侧的矩形，按住 Alt+Shift 组合键的同时，水平向右拖曳图形到适当的位置，复制图形，向右拖曳右侧中间的控制手柄到适当的位置，调整其大小，效果如图 5-109 所示。

图 5-107　　图 5-108　　　　　　　　　　图 5-109

步骤 8 选择"矩形"工具，在适当的位置分别绘制矩形，填充与下方矩形相同的颜色，并设置描边色为无，效果如图 5-110 所示。选择"选择"工具，按住 Shift 键的同时，依次选取矩形，如图 5-111 所示。选择"对象 > 路径查找器 > 减去"命令，生成新对象，效果如图 5-112 所示。

步骤 9 选择"文件 > 置入"命令，弹出"置入"对话框，选择云盘中的"Ch05 > 素材 > 制作环保宣传册内页 2 > 02"文件，单击"打开"按钮，在页面空白处单击鼠标左键置入图片。选择"自由变换"工具，将图片拖曳到适当的位置并调整其大小，效果如图 5-113 所示。

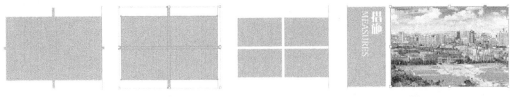

图 5-110　　　　　　图 5-111　　　　　　　图 5-112　　　　　　　图 5-113

步骤 10 按 Ctrl+X 组合键，剪切图片。选择"选择"工具，选取矩形，选择"编辑 > 贴入内部"命令，将图片贴入矩形的内部，效果如图 5-114 所示。

步骤 11 选择"矩形"工具，在适当的位置绘制矩形，如图 5-115 所示。设置图形填充色的 CMYK 值为 45、0、100、0，填充图形，并设置描边色为无，效果如图 5-116 所示。

中等职业教育数字艺术类规划教材

图 5-114　　　　　　　　图 5-115　　　　　　　　图 5-116

3. 制作底图和路径文字

步骤 1　选择"文件 > 置入"命令，弹出"置入"对话框，选择云盘中的"Ch05 > 素材 > 制作环保宣传册内页 2 > 03"文件，单击"打开"按钮，在页面空白处单击鼠标左键置入图片。选择"自由变换"工具 ，将图片拖曳到适当的位置并调整其大小，效果如图 5-117 所示。

扫 码 观 看
本案例视频 03

步骤 2　单击"控制"面板中的"向选定的目标添加对象效果"按钮 _fx_，在弹出的菜单中选择"渐变羽化"命令，弹出"效果"对话框，选项的设置如图 5-118 所示；单击"确定"按钮，效果如图 5-119 所示。

步骤 3　选择"选择"工具 ▶，在"控制"面板中将"不透明度"选项 □ 100% ▸ 设为 20%，按 Enter 键，效果如图 5-120 所示。

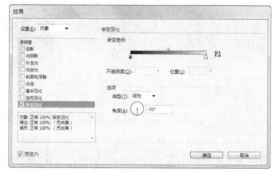

图 5-117　　　　　　　　　　　　　　　　图 5-118

图 5-119　　　　　　　　　　　　　　　　图 5-120

步骤 4　选择"钢笔"工具 ⌀，在页面中绘制一条路径，效果如图 5-121 所示。选择"路径文字"工具 ⌖，在路径上单击鼠标左键插入光标，如图 5-122 所示。

步骤 5　输入需要的文字。将输入的文字选取，在"控制"面板中选择合适的字体并设置文字大小，效果如图 5-123 所示。在"控制"面板中将"字符间距"选项 AV ⇳ 0 ▾ 设为 320，按 Enter 键，效果如图 5-124 所示。

图 5-121　　　　　　　　　　　　　　　图 5-122

图 5-123　　　　　　　　　　　　　　　图 5-124

步骤 6　保持文字的选取状态，设置文字填充色的 CMYK 值为 75、5、100、0，填充文字，效果如图 5-125 所示。选择"选择"工具 ，在工具箱中单击"描边"按钮，再单击"无"按钮 ，取消路径描边，效果如图 5-126 所示。

图 5-125　　　　　　　　　　　　　　　图 5-126

步骤 7　选择"钢笔"工具 ，在页面中绘制闭合路径，如图 5-127 所示。设置图形填充色的 CMYK 值为 75、5、100、0，填充图形，并设置描边色为无，效果如图 5-128 所示。

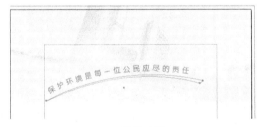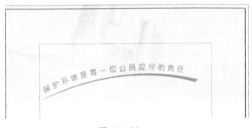

图 5-127　　　　　　　　　　　　　　　图 5-128

4. 制作图片栏目

步骤 1　选择"矩形"工具 ，在适当的位置绘制矩形，设置图形填充色的 CMYK 值为 45、0、100、0，填充图形，并设置描边色为无，效果如图 5-129 所示。选择"文字"工具 ，在页面中拖曳一个文本框，输入需要的文字，如图 5-130 所示。

扫码观看
本案例视频04

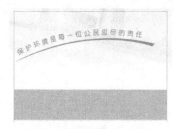

图 5-129　　　　　　　　　　　　　　图 5-130

步骤2 将输入的文字选取，在"控制"面板中选择合适的字体并设置文字大小，填充文字为白色，效果如图 5-131 所示。用相同的方法输入其他文字，效果如图 5-132 所示。

图 5-131　　　　　　　　　　　　　　图 5-132

步骤3 选择"矩形"工具▣，在适当的位置绘制矩形，设置图形填充色的 CMYK 值为 45、0、100、0，填充图形，并设置描边色为无，效果如图 5-133 所示。

步骤4 选择"选择"工具▶，选取矩形，按住 Alt+Shift 键的同时，垂直向下拖曳图形到适当的位置，复制图形，效果如图 5-134 所示。连续按 Ctrl+Alt+4 组合键，按需要再复制图形，效果如图 5-135 所示。

步骤5 选择"选择"工具▶，按住 Shift 键的同时，依次选取矩形，按住 Alt+Shift 组合键的同时，水平向右拖曳图形到适当的位置，复制图形，效果如图 5-136 所示。连续按 Ctrl+Alt+4 组合键，按需要再制图形，效果如图 5-137 所示。

图 5-133　　　　图 5-134　　　　图 5-135　　　　图 5-136　　　　图 5-137

步骤6 选择"文件 > 置入"命令，弹出"置入"对话框，选择云盘中的"Ch05 > 素材 > 制作环保宣传册内页 2 > 04"文件，单击"打开"按钮，在页面空白处单击鼠标左键置入图片。选择"自由变换"工具▦，将其拖曳到适当的位置并调整其大小，效果如图 5-138 所示。

步骤7 选择"选择"工具▶，选取图片，按 Ctrl+X 组合键，剪切图片，选取第一个矩形，选择"编辑 > 贴入内部"命令，将图片贴入矩形的内部，效果如图 5-139 所示。

步骤8 使用相同的方法置入其他图片，并将图片贴入矩形的内部，效果如图 5-140 所示。选择"选择"工具▶，选取需要的矩形，如图 5-141 所示。

步骤9 在"控制"面板中将"不透明度"选项▣ 100%，设为 67%，按 Enter 键，效果如图 5-142 所示。用相同的方法调整其他矩形的不透明度，效果如图 5-143 所示。节能环保宣传册内页 2 制作完成。

图 5-138

图 5-139

图 5-140

图 5-141

图 5-142

图 5-143

5.2.4　【相关知识】

1. 文本绕排

◎ 文本绕排面板

选择"选择"工具 ，选取需要的图形，如图 5-144 所示。选择"窗口 > 文本绕排"命令，弹出"文本绕排"面板，如图 5-145 所示。单击需要的绕排按钮，制作出的文本绕排效果如图 5-146 所示。在绕排位移参数中输入正值，绕排将远离边缘；若输入负值，绕排边界将位于框架边缘内部。

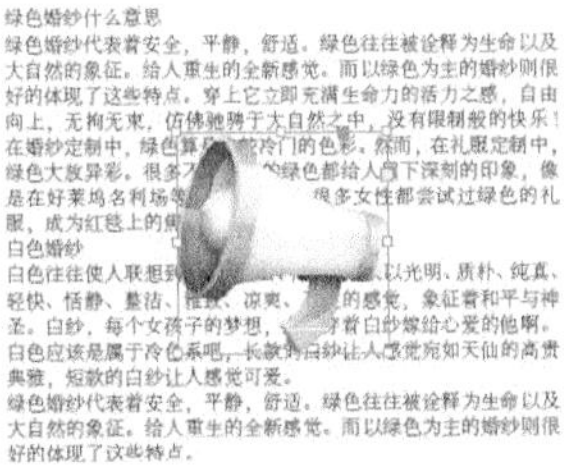

图 5-144

图 5-145

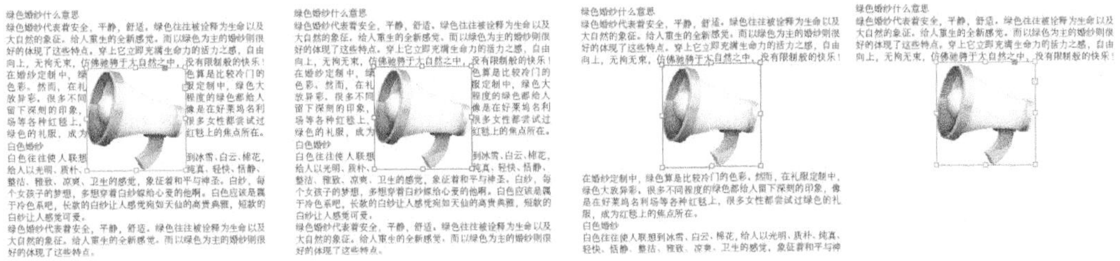

沿定界框绕排　　　　沿对象形状绕排　　　　上下型绕排　　　　下型绕排

图 5-146

◎ 沿对象形状绕排

当选取"沿对象形状绕排"时，"轮廓选项"被激活，可对绕排轮廓的"类型"进行选择。这种绕排形式通常是针对导入的图形来绕排文本。

选择"选择"工具 ，选取导入的图形，如图 5-147 所示。在"文本绕排"面板中单击"沿对象形状绕排"按钮 ，在"类型"选项中选择需要的命令，如图 5-148 所示，文本绕排效果如图 5-149 所示。

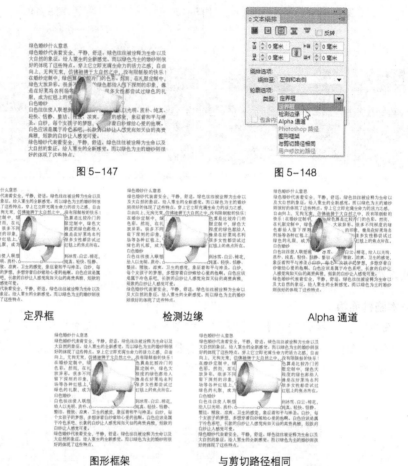

图 5-147　　　　　　　　　图 5-148

定界框　　　　　　　检测边缘　　　　　　Alpha 通道

图形框架　　　　　　与剪切路径相同

图 5-149

勾选"包含内边缘"复选框，如图 5-150 所示，使文本显示在导入图形的内边缘，效果如图 5-151 所示。

图 5-150　　　　　　　　图 5-151

2. 路径文字

使用"路径文字"工具 和"垂直路径文字"工具 ，在创建文本时，可以将文本沿着一个开放或闭合路径的边缘进行水平或垂直方向排列，路径可以是规则或不规则的。路径文字和其他文本框一样有入口和出口，如图 5-152 所示。

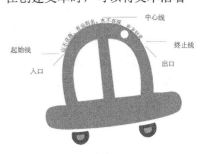

图 5-152

◎ 创建路径文字

选择"钢笔"工具 ，绘制一条路径，如图 5-153 所示。选择"路径文字"工具 ，将光标定位于路径上方，光标变为图标 ，如图 5-154 所示，在路径上单击插入光标，如图 5-155 所示，输入需要的文本，效果如图 5-156 所示。

图 5-153

图 5-154

图 5-155

图 5-156

提　示　若路径是有描边的，在添加文字之后会保持描边。要隐藏路径，用选取工具或是直接选择工具选取路径，将填充和描边颜色都设置为无即可。

◎ 编辑路径文字

选择"选择"工具 ，选取路径文字，如图 5-157 所示。将光标置于路径文字的起始线（或终止线）处，直到光标变为图标 ，拖曳起始线（或终止线）至需要的位置，如图 5-158 所示，松开鼠标左键，改变路径文字的起始线位置，而终止线位置保持不变，效果如图 5-159 所示。

图 5-157

图 5-158

图 5-159

选择"选择"工具 ，选取路径文字，如图 5-160 所示。选择"文字 > 路径文字 > 选项"命令，弹出"路径文字选项"对话框，如图 5-161 所示。

图 5-160

图 5-161

在"效果"下拉列表中选择不同的选项可设置不同的效果，如图 5-162 所示。

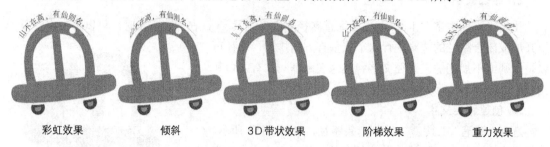

图 5-162

"效果"选项不变（以彩虹效果为例），在"对齐"下拉列表中选择不同的对齐方式，效果如图 5-163 所示。

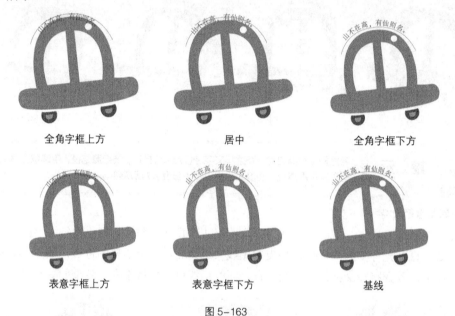

图 5-163

"对齐"选项不变（以基线对齐为例），可以在"到路径"选项中设置上、下或居中 3 种对齐参照，如图 5-164 所示。

图 5-164

"间距"是调整字符沿弯曲较大的曲线或锐角散开时的补偿，对于直线上的字符没有作用。"间距"选项可以是正值，也可以是负值。分别设置需要的数值后，效果如图 5-165 所示。

0	负值	正值

图 5-165

选择"选择"工具 ，选取路径文字，如图 5-166 所示。将光标置于路径文字的中心线处，直到光标变为图标 ↳，拖曳中心线至内部，如图 5-167 所示，松开鼠标左键，效果如图 5-168 所示。

图 5-166　　　　　　　　图 5-167　　　　　　　　图 5-168

选择"文字 > 路径文字 > 选项"命令，弹出"路径文字选项"对话框，勾选"翻转"选项，可将文字翻转。

3. 从文本创建路径

在 InDesign CS6 中，将文本转化为轮廓后，可以像对其他图形对象一样进行编辑和操作。通过这种方式，可以创建多种特殊文字效果。

◎ 将文本转为路径

选择"直接选择"工具 ，选取需要的文本框，如图 5-169 所示。选择"文字 > 创建轮廓"命令，或按 Ctrl+Shift+O 组合键，文本会转为路径，效果如图 5-170 所示。

图 5-169　　　　　　　　　　图 5-170

选择"文字"工具 T，选取需要的一个或多个字符，如图 5-171 所示。选择"文字 > 创建轮廓"命令，或按 Ctrl+Shift+O 组合键，字符会转为路径，选择"直接选择"工具 选取转化后的文字，效果如图 5-172 所示。

图 5-171 图 5-172

◎ 创建文本外框

选择"直接选择"工具 ⬆，选取转化后的文字，如图 5-173 所示。拖曳需要的锚点到适当的位置，如图 5-174 所示，可创建不规则的文本外框。

图 5-173 图 5-174

选择"选择"工具 ▶，选取一张置入的图片，如图 5-175 所示，按 Ctrl+X 组合键，将其剪切。选择"选择"工具 ▶，选取转化为轮廓的文字，如图 5-176 所示。选择"编辑 > 贴入内部"命令，将图片贴入转化后的文字中，效果如图 5-177 所示。

 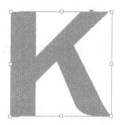 

图 5-175 图 5-176 图 5-177

选择"选择"工具 ▶，选取转化为轮廓的文字，如图 5-178 所示。选择"文字"工具 T，将光标置于路径内部单击，插入光标，如图 5-179 所示，输入需要的文字，效果如图 5-180 所示。取消填充后的效果如图 5-181 所示。

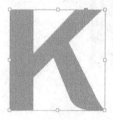   

图 5-178 图 5-179 图 5-180 图 5-181

5.2.5　【实战演练】制作环保宣传册内页 3

使用矩形工具、贴入内部命令制作背景图片；使用文字工具和文本绕排面板添加并编辑文字。最终效果参看云盘中的"Ch05 > 效果 > 制作环保宣传册内页 3"，如图 5-182 所示。

扫码观看
本案例视频

图 5-182

5.3 　综合案例——制作环保宣传册内页 4

5.3.1　【案例分析】

倡导节能环保，用以节约现有能源消耗量，提倡环保型新能源开发，造福社会。而环保宣传是其中必要的宣传方法和传播手段。

5.3.2　【设计理念】

在设计思路上，绿色的背景，给人以清新舒适的感觉，树木及地球的结合很好的体现出节能环保的理念。整体颜色的搭配清新干净，体现出人与自然和谐相处，相辅相成的概念。

5.3.3　【要点提示】

使用矩形工具和置入命令制作背景；使用钢笔工具、置入命令添加装饰图案；使用文字工具添加宣传性文字。最终效果参看云盘中的"Ch05 > 效果 > 制作环保宣传册内页 4"，如图 5-183 所示。

扫码观看
本案例视频

图 5-183

第6章 处理图像

InDesign CS6 支持多种图像格式，可以很方便地与多种应用软件协同工作，并通过链接面板和库面板来管理图像文件。通过对本章的学习，读者可以了解并掌握图像的导入方法，熟练应用链接面板和库面板。

 课堂学习目标

- 掌握置入图像的方法
- 掌握管理链接的方法
- 掌握嵌入图像的方法

6.1 制作相机广告

6.1.1 【案例分析】

春光明媚，自然世界此刻是如此的美丽，到处放射着明媚的阳光，到处炫耀着五颜的色彩，及时记录下这美丽的瞬间刻不容缓。本案例是为相机设计的广告。在设计上要体现出产品特色和为消费者带来视觉的享受。

6.1.2 【设计理念】

在设计思路上，通过森林实景图片和照片的组合，展现出了相机的作用。添加的小图标和文字展现出产品的品牌特色，更好地体现了产品的定位。最终效果参看云盘中的"Ch06 > 效果 > 制作相机广告"，如图 6-1 所示。

图 6-1

6.1.3 【案例操作】

1. 添加并编辑图片

步骤 1 选择"文件 > 新建 > 文档"命令，弹出"新建文档"对话框，设置如图 6-2 所示。单击"边距和分栏"按钮，弹出"新建边距和分栏"对话框，设置如图 6-3 所示，单击"确定"按钮，新建一个页面。选择"视图 > 其他 > 隐藏框架边缘"命令，将所绘制图形的框架边缘隐藏。

图 6-2 图 6-3

步骤 2 选择"文件 > 置入"命令，弹出"置入"对话框，选择云盘中的"Ch06 > 素材 > 制作相机广告 > 01"文件，单击"打开"按钮，在页面空白处单击鼠标左键置入图片。选择"自由变换"工具 ，将图片拖曳到适当的位置并调整其大小，效果如图 6-4 所示。

步骤 3 选择"矩形"工具 ，在适当的位置绘制一个矩形，填充图形为白色，并设置描边色为无，效果如图 6-5 所示。

步骤 4 选择"矩形"工具 ，在白色矩形上再绘制一个矩形，填充图形为黑色，并设置描边为无，效果如图 6-6 所示。选择"选择"工具 ，按住 Shift 键的同时，依次单击选取两个图形，单击"控制"面板中的"水平居中对齐"按钮 ，对齐图形，效果如图 6-7 所示。

图 6-4 图 6-5 图 6-6 图 6-7

步骤 5 选择"文件 > 置入"命令，弹出"置入"对话框，选择云盘中的"Ch06 > 素材 > 制作相机广告 > 02"文件，单击"打开"按钮，在页面空白处单击鼠标左键置入图片。选择"自由变换"工具 ，将图片拖曳到适当的位置，并调整其大小，效果如图 6-8 所示。

步骤 6 按 Ctrl+X 组合键，剪切图片。选择"选择"工具 ，选取黑色矩形，选择"编辑 > 贴入内部"命令，将图片贴入矩形的内部，效果如图 6-9 所示。选择"选择"工具 ，按住 Shift 键的同时，将图片和白色矩形同时选取，按 Ctrl+G 组合键，将其编组，如图 6-10 所示。

图 6-8 图 6-9 图 6-10

步骤 7 单击"控制"面板中的"向选定的目标添加对象效果"按钮 ，在弹出的菜单中选择"投影"命令，弹出"效果"对话框，设置如图 6-11 所示。单击"确定"按钮，如图 6-12 所示。

图 6-11

图 6-12

步骤 8 保持图片的选取状态，在"控制"面板中将"旋转角度" 选项设为﹣34.5°，按 Enter 键，调整图像的角度并拖曳到适当的位置，效果如图 6-13 所示。用相同的方法置入并编辑其他图片，效果如图 6-14 所示。

步骤 9 选择"文件 > 置入"命令，弹出"置入"对话框，选择云盘中的"Ch06 > 素材 > 制作相机广告 > 03"文件，单击"打开"按钮，在页面空白处单击鼠标左键置入图片。选择"自由变换"工具，将图片拖曳到适当的位置并调整其大小，效果如图 6-15 所示。选择"椭圆"工具，在适当的位置绘制椭圆形，填充图形为黑色，并设置描边色为无，效果如图 6-16 所示。

图 6-13   图 6-14   图 6-15   图 6-16

步骤 10 单击"控制"面板中的"向选定的目标添加对象效果"按钮 *fx*，在弹出的菜单中选择"定向羽化"命令，弹出"效果"对话框，选项的设置如图 6-17 所示，单击"确定"按钮，效果如图 6-18 所示。选择"选择"工具，选取椭圆形，按 Ctrl+[组合键，将图形后移一层，效果如图 6-19 所示。

图 6-18

图 6-17

图 6-19

2. 添加宣传文字和促销信息

步骤 `1` 选择"文字"工具 **T**，在页面中拖曳一个文本框，输入需要的文字，将输入的文字选取，如图 6-20 所示。在"控制"面板中选择合适的字体并设置文字大小，效果如图 6-21 所示。

步骤 `2` 用相同的方法输入其他文字，效果如图 6-22 所示。选择"选择"工具 ，选取需要的文字，在"控制"面板中将"旋转角度" 选项设为 13°，调整图像的角度并拖曳到适当的位置，效果如图 6-23 所示。

步骤 `3` 选择"直线"工具 ，按住 Shift 键的同时，在适当的位置绘制一条直线，如图 6-24 所示。设置直线描边色的 CMYK 值为 0、0、100、0，填充描边，效果如图 6-25 所示。

图 6-20

图 6-21

图 6-22

图 6-23

图 6-24

图 6-25

步骤 `4` 双击"多边形"工具 ，弹出"多边形设置"对话框，选项的设置如图 6-26 所示，单击"确定"按钮。按住 Shift 键的同时，在页面中绘制多角星形，设置图形填充色的 CMYK 值为 15、100、100、0，填充图形，并设置描边色为无，效果如图 6-27 所示。

步骤 `5` 选择"文字"工具 **T**，在页面中拖曳文本框，输入需要的文字，分别将输入的文字选取，在"控制"面板中选择合适的字体并设置文字大小，如图 6-28 所示。选取需要的文字，填充文字为白色，效果如图 6-29 所示。

图 6-26

图 6-27

图 6-28

图 6-29

步骤 `6` 用相同的方法选取其他文字，设置文字填充色的 CMYK 值为 0、0、100、0，填充文字，效果如图 6-30 所示。

步骤 `7` 选择"矩形"工具 ，在页面中绘制矩形，设置图形填充色的 CMYK 值为 0、0、100、0，填充图形，并设置描边色为无，效果如图 6-31 所示。保持图形的选取状态，连续按 Ctrl+[组合键，将图形向后移动到适当的位置，效果如图 6-32 所示。

中等职业教育数字艺术类规划教材

图 6-30　　　　　　　　　图 6-31　　　　　　　　　图 6-32

步骤 8　选择"文字"工具 T，在页面中拖曳文本框，输入需要的文字，分别将输入的文字选取，在"控制"面板中选择合适的字体并设置文字大小，填充文字为白色，效果如图 6-33 所示。选取需要的文字，设置文字填充色的 CMYK 值为 75、5、100、40，填充文字，效果如图 6-34 所示。用相同的方法选取其他文字，填充文字为白色，效果如图 6-35 所示。

图 6-33　　　　　　　　　图 6-34　　　　　　　　　图 6-35

3. 制作标志和装饰图片

步骤 1　选择"矩形"工具 ▦，在页面外绘制矩形，设置图形填充色的 CMYK 值为 0、0、0、75，填充图形，并设置描边色为无，效果如图 6-36 所示。

步骤 2　选择"对象 > 角选项"命令，弹出"角选项"对话框，选项的设置如图 6-37 所示，单击"确定"按钮，效果如图 6-38 所示。

图 6-36　　　　　　　　　图 6-37　　　　　　　　　图 6-38

步骤 3　选择"椭圆"工具 ⬭，按住 Shift 键的同时，在适当的位置绘制圆形，填充图形为黑色，并设置描边色为无，效果如图 6-39 所示。选择"选择"工具 ▸，选取图形，按 Ctrl+C 组合键，复制图形。选择"编辑 > 原位粘贴"命令，原位粘贴图形，等比例缩小图形，并填充图形为白色，效果如图 6-40 所示。

步骤 4　按住 Shift 键的同时，选取需要的图形，如图 6-41 所示。选择"对象 > 路径查找器 > 减去"命令，生成新对象，效果如图 6-42 所示。

步骤 5　选择"对象 > 路径 > 释放符合路径"命令，释放符合路径。选择"选择"工具 ▸，选中右侧图形，设置图形填充色的 CMYK 值为 0、0、0、28，填充图形，效果如图 6-43 所示。

图 6-39　　　　　　图 6-40　　　　　　图 6-41　　　　　　图 6-42　　　　　　图 6-43

步骤 6 选择"文字"工具 T_，在页面中拖曳一个文本框，输入需要的文字，将输入的文字选取，在"控制"面板中选择合适的字体和文字大小，效果如图 6-44 所示。选择"选择"工具，用圈选的方法将图形和文字同时选取，并将其拖曳到页面中适当的位置，效果如图 6-45 所示。

步骤 7 选择"文件 > 置入"命令，弹出"置入"对话框，选择云盘中的"Ch06 > 素材 > 制作相机广告 > 03"文件，单击"打开"按钮，在页面空白处单击鼠标左键置入图片。选择"自由变换"工具，将图片拖曳到适当的位置，调整其大小并旋转到适当的角度，效果如图 6-46 所示。选择"选择"工具，按住 Alt 键的同时，向下拖曳图形到适当的位置，复制图形，调整其大小并旋转到适当的角度，效果如图 6-47 所示。

图 6-44　　　　　　　图 6-45　　　　　　　　图 6-46　　　　　　　　图 6-47

步骤 8 选择"选择"工具，选取图形，选择"窗口 > 效果"命令，弹出"效果"面板，选项的设置如图 6-48 所示，效果如图 6-49 所示。相机广告制作完成，效果如图 6-50 所示。

图 6-48　　　　　　　　图 6-49　　　　　　　　图 6-50

6.1.4 【相关知识】

1. 置入图像

"置入"命令是将图形导入 InDesign 中的主要方法，因为它可以在分辨率、文件格式、多页面 PDF 和颜色方面提供最高级别的支持。如果所创建文档并不十分注重这些特性，则可以通过复制和粘贴操作将图形导入 InDesign 中。

在页面区域中未选取任何内容，如图 6-51 所示。选择"文件 > 置入"命令，弹出"置入"对话框，在弹出的对话框中选择需要的文件，如图 6-52 所示，单击"打开"按钮，在页面中单击鼠标左键置入图像，效果如图 6-53 所示。

图 6-51

图 6-52

图 6-53

选择"选择"工具，在页面区域中选取图框，如图 6-54 所示。选择"文件 > 置入"命令，弹出"置入"对话框，在对话框中选择需要的文件，如图 6-55 所示，单击"打开"按钮，在页面中单击鼠标左键置入图像，效果如图 6-56 所示。

图 6-54

图 6-55

图 6-56

选择"选择"工具，在页面区域中选取图像，如图 6-57 所示。选择"文件 > 置入"命令，弹出"置入"对话框，在对话框中选择需要的文件，在对话框下方勾选"替换所选项目"复选框，如图 6-58 所示，单击"打开"按钮，在页面中单击鼠标左键置入图像，效果如图 6-59 所示。

图 6-57

图 6-58

图 6-59

2. 管理链接和嵌入图像

在 InDesign CS6 中，置入一个图像有两种形式，即链接图像和嵌入图像。当以链接图像的形式置入一个图像时，它的原始文件并没有真正复制到文档中，而是为原始文件创建了一个链接（或称文件路径）。当嵌入图像文件时，会增加文档文件的大小并断开指向原始文件的链接。

◎ **关于链接面板**

所有置入的文件都会被列在"链接"面板中。选择"窗口 > 链接"命令，弹出"链接"面板，如图 6-60 所示。

"链接"面板中链接文件显示状态的含义如下。

最新：最新的文件只显示文件的名称以及它在文档中所处的页面。

修改：修改的文件会显示 ⚠ 图标。此图标意味着磁盘上的文件版本比文档中的版本新。

图 6-60

缺失：丢失的文件会显示 ❓ 图标。此图标表示图形不再位于导入时的位置，但仍存在于某个地方。如果在显示此图标的状态下打印或导出文档，则文件可能无法以全分辨率打印或导出。

嵌入：嵌入的文件显示 🔳 图标。嵌入链接文件会导致该链接的管理操作暂停。

◎ **使用链接面板**

在"链接"面板中选取一个链接文件，如图 6-61 所示。单击"转到链接"按钮 🔗，或单击面板右上方的图标 ▼≣，在弹出的菜单中选择"转到链接"命令，如图 6-62 所示。选取并将链接的图像调入活动的文档窗口中，如图 6-63 所示。

图 6-61

图 6-62

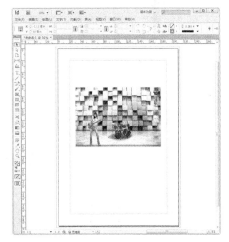

图 6-63

◎ **在原始应用程序中修改链接**

在"链接"面板中选取一个链接文件，如图 6-64 所示。单击"编辑原稿"按钮 ✏，或单击面板右上方的图标 ▼≣，在弹出的菜单中选择"编辑原稿"命令，如图 6-65 所示。打开并编辑原文件如图 6-66 所示，保存并关闭原文件，在 InDesign 中的效果如图 6-67 所示。

图 6-64   图 6-65

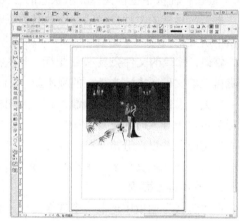

图 6-66   图 6-67

◎ **将图像嵌入文件**

在"链接"面板中选取一个链接文件，如图 6-68 所示。单击面板右上方的图标 ▼≡，在弹出的菜单中选择"嵌入文件"命令，如图 6-69 所示。文件名保留在链接面板中，并显示嵌入链接图标，如图 6-70 所示。

图 6-68   图 6-69   图 6-70

在"链接"面板中选取一个嵌入的链接文件，如图 6-71 所示。单击面板右上方的图标 ▼≡，在弹出的菜单中选择"取消嵌入文件"命令，弹出图 6-72 所示的对话框，单击"是"铵钮，将其链接至原文件，面板如图 6-73 所示；单击"否"按钮，将弹出"浏览文件夹"对话框，选取需要的文件链接。

图 6-71　　　　　　　　　　　　图 6-72　　　　　　　　　　　　图 6-73

　提　示　　如果置入的位图图像小于或等于 48KB，InDesign 将自动嵌入图像。如果图像没有链接，当原始文件发生更改时，"链接"面板不会发出警告，并且无法自动更新相应文件。

◎ 更新、恢复和替换链接

在"链接"面板中选取一个或多个带有修改链接图标 ⚠ 的链接，如图 6-74 所示。单击面板下方的"更新链接"按钮 ，或单击面板右上方的图标 ，在弹出的菜单中选择"更新链接"命令，如图 6-75 所示，更新选取的链接，面板如图 6-76 所示。

图 6-74　　　　　　　　　　　　图 6-75　　　　　　　　　　　　图 6-76

在"链接"面板中，单击面板底部，取消所有链接，如图 6-77 所示。单击面板下方的"更新链接"按钮 ，如图 6-78 所示，更新所有修改过的链接，效果如图 6-79 所示。

图 6-77　　　　　　　　　　　　图 6-78　　　　　　　　　　　　图 6-79

在"链接"面板中，选取带有修改图标 ⚠ 的所有链接文件，如图 6-80 所示。单击面板右上方的图标 ，在弹出的菜单中选择"更新链接"命令，更新所有修改过的链接，如图 6-81 所示。

图 6-80　　　　　　　　　　　图 6-81

在"链接"面板中选取一个或多个带有丢失链接图标 的链接，如图 6-82 所示。单击"重新链接"按钮 ，或单击面板右上方的图标 ，在弹出的菜单中选择"重新链接"命令，如图 6-83 所示，弹出"定位"对话框，选取要重新链接的文件，单击"打开"按钮，文件重新链接，面板如图 6-84 所示。

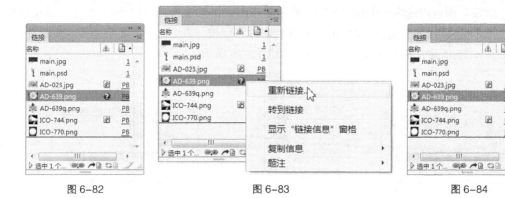

图 6-82　　　　　　　　　图 6-83　　　　　　　　　图 6-84

在"链接"面板中选取任意链接，如图 6-85 所示。单击"重新链接"按钮 ，或单击面板右上方的图标 ，在弹出的菜单中选择"重新链接"命令，如图 6-86 所示，弹出"重新链接"对话框，选取要重新链接的文件，单击"打开"按钮，面板如图 6-87 所示。

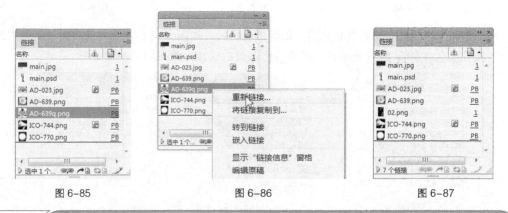

图 6-85　　　　　　　　　图 6-86　　　　　　　　　图 6-87

提　示　　如果所有缺失文件位于相同的文件夹中，则可以一次恢复所有缺失文件。首先选择所有缺失的链接（或不选择任何链接），然后恢复其中的一个链接，其余的所有缺失链接将自动恢复。

6.1.5 【实战演练】制作机票宣传单

使用置入命令置入图片;使用多边形工具、椭圆工具和缩放命令制作太阳图形;使用钢笔工具和路径文字工具制作路径文字。最终效果参看云盘中的"Ch06 > 效果 > 制作机票宣传单",如图 6-88 所示。

图 6-88

6.2 综合案例——制作精品月饼广告

6.2.1 【案例分析】

月饼是久负盛名的传统小吃,月饼的形状圆又圆,又是合家分吃,所以它象征着团圆和睦,是在中秋节这一天的必食之品。本案例是为月饼专卖店制作的宣传广告,设计要求体现传统、相思。

6.2.2 【设计理念】

在设计思路上,橘色系的背景,给人以温暖,典雅的感觉。整体颜色贴合主题,体现出月饼所表达的团圆之意。

6.2.3 【要点提示】

使用渐变色板工具、置入命令和效果面板制作背景;使用椭圆工具和路径文字工具制作路径文字;使用文字工具和钢笔工具制作广告语。最终效果参看云盘中的"Ch06 > 效果 > 制作精品月饼广告",如图 6-89 所示。

图 6-89

第**7**章　版式编排

在 InDesign CS6 中，可以便捷地设置字符的格式和段落的样式。通过本章的学习，读者可以了解字符和段落格式控制、设置项目符号和编号以及使用制表符的方法和技巧，并能熟练掌握字符样式和段落样式面板的操作，为今后快捷地进行版式编排打下良好的基础。

课堂学习目标

- 掌握字符格式控制的方法
- 掌握段落格式控制的方法
- 掌握对齐文本的方法
- 掌握字符样式和段落样式的设置

7.1　制作购物招贴

7.1.1　【案例分析】

购物是人类现实生活中必不可少的消遣方式，因此引导人们进行购物的购物指南、购物招贴等杂志层出不穷。本案例是为商场制作的购物招贴，要求版面设计舒适，突出活动主题。

7.1.2　【设计理念】

在设计思路上，浅灰色背景很好地突出了主题内容。以红色为主色调，预示着喜庆和生活的红火美好。运用宣传标语和人物图片展示企业的产品特色和生活氛围。字体富于变化，给人轻松活泼的感觉。最终效果参看云盘中的"Ch07 > 效果 > 制作购物招贴"，如图 7-1 所示。

图 7-1

7.1.3　【案例操作】

1. 添加并编辑标题文字

扫码观看
本案例视频01

步骤 **1**　选择"文件 > 新建 > 文档"命令，弹出"新建文档"对话框，设置如图 7-2 所示。单击"边距和分栏"按钮，弹出"新建边距和分栏"对话框，设置如图 7-3 所示；单击"确定"按钮，新建一个页面。选择"视图 > 其他 > 隐藏框架边缘"

命令，将所绘制图形的框架边缘隐藏。

图 7-2　　　　　　　　　　　　　　图 7-3

步骤 2 选择"矩形"工具 ▭，在页面中拖曳鼠标光标绘制矩形，设置图形填充色的 CMYK 值为 71、63、60、12，填充图形，并设置描边色为无，效果如图 7-4 所示。

步骤 3 在页面空白处单击，取消图形的选取状态。按 Ctrl+D 组合键，弹出"置入"对话框，选择云盘中的"Ch07 > 素材 > 制作购物招贴 > 01"文件，单击"打开"按钮，在页面空白处单击鼠标左键置入图片，并拖曳图片到适当的位置，效果如图 7-5 所示。

图 7-4　　　　　　　　图 7-5

步骤 4 选择"文字"工具 T，在页面中拖曳一个文本框，输入需要的文字。将输入的文字选取，在"控制"面板中选择合适的字体并设置文字大小，填充文字为白色，效果如图 7-6 所示。在"控制"面板中将"垂直缩放" IT 100% ▾ 选项设为 130%，按 Enter 键，效果如图 7-7 所示。选择"选择"工具 ▸，在"控制"面板中将"不透明度" 100% 选项设为 60%，按 Enter 键，效果如图 7-8 所示。

图 7-6　　　　　　　　图 7-7　　　　　　　　图 7-8

步骤 5 在页面空白处单击，取消文字的选取状态。按 Ctrl+D 组合键，弹出"置入"对话框，选择云盘中的"Ch07 > 素材 > 制作购物招贴 > 02"文件，单击"打开"按钮，在页面空白处单击鼠标左键置入图片，并拖曳图片到适当的位置，效果如图 7-9 所示。

步骤 6 选择"文字"工具 T，在页面中分别拖曳文本框、输入

图 7-9

需要的文字。分别将输入的文字选取，在"控制"面板中选择合适的字体并设置文字大小。设置文字填充色的 CMYK 值为 35、100、100、0，填充文字。在页面空白处单击，取消文字的选取状态，效果如图 7-10 所示。

步骤 7 选择"文字"工具 T，选取需要的文字，如图 7-11 所示；在"控制"面板中将"字符间距" AV 0 ▼ 选项设为 - 25，按 Enter 键，效果如图 7-12 所示。

图 7-10   图 7-11   图 7-12

步骤 8 选择"选择"工具 ，按住 Shift 键的同时，将文字同时选取，如图 7-13 所示。选择"窗口 > 对象和版面 > 对齐"命令，弹出"对齐"面板，单击"左对齐"按钮 ，如图 7-14 所示，对齐效果如图 7-15 所示。在"控制"面板中将"旋转角度" 0° ▼ 选项设为 15°，按 Enter 键，旋转文字，并将其拖曳到适当的位置，效果如图 7-16 所示。

图 7-13   图 7-14   图 7-15   图 7-16

2. 添加宣传性文字

步骤 1 使用上述方法添加其他宣传文字，效果如图 7-17 所示。选择"文字"工具 T，选取需要的文字，如图 7-18 所示。单击"控制"面板中的"下划线"按钮 T，效果如图 7-19 所示。

扫码观看
本案例视频02

图 7-17   图 7-18   图 7-19

步骤 2 选择"文字"工具 T，分别选取数字"2000""302""1000"和"152"，设置文字填充色的 CMYK 值为 35、100、100、0，填充文字，效果如图 7-20 所示。使用"文字"工具 T，选取数字"2"，如图 7-21 所示。单击"控制"面板中的"上标"按钮 T，效果如图 7-22 所示。

图 7-20

图 7-21

图 7-22

步骤 3 用相同的方法将另一数字设置为上标，效果如图 7-23 所示。按 Ctrl+D 组合键，弹出"置入"对话框，选择云盘中的"Ch07 > 素材 > 制作购物招贴 > 03"文件，单击"打开"按钮，在页面空白处单击鼠标左键置入图片，拖曳图片到适当的位置并调整其大小，效果如图 7-24 所示。

图 7-23

图 7-24

步骤 4 保持图片的选取状态，在"控制"面板上将"旋转角度" △ ⇕ 0° ▼ 选项设为 15°，按 Enter 键，效果如图 7-25 所示。连续按 Ctrl+ [组合键，将图片后移至文字的后方，效果如图 7-26 所示。

图 7-25

图 7-26

步骤 5 选择"文字"工具 T，在页面中分别拖曳文本框，输入需要的文字。分别将输入的文字选取，在"控制"面板中选择合适的字体并设置文字大小。设置文字填充色的 CMYK 值为 35、100、100、0，填充文字。在页面空白处单击，取消文字的选取状态，效果如图 7-27 所示。

步骤 6 选择"文字"工具 T，选取需要的文字，如图 7-28 所示。在"控制"面板中将"字符间距" AV ⇕ 0 ▼ 选项设为 - 50，按 Enter 键，效果如图 7-29 所示。

图 7-27

图 7-28

图 7-29

步骤 7 　用相同的方法将下方英文的"字符间距" AV ⊕ 0 ▼ 选项设为 25，按 Enter 键，效果如图 7-30 所示。选择"选择"工具 ▶，按住 Shift 键的同时，将两个英文同时选取，如图 7-31 所示。在"控制"面板中将"旋转角度" △ ⊕ 0° ▼ 选项设为 15°，按 Enter 键，效果如图 7-32 所示。

步骤 8 　按 Ctrl+D 组合键，弹出"置入"对话框，选择云盘中的"Ch07 > 素材 > 制作购物招贴 > 04"文件，单击"打开"按钮，在页面空白处单击鼠标左键置入图片，拖曳图片到适当的位置并调整其大小，效果如图 7-33 所示。

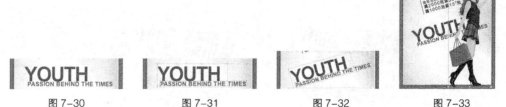

图 7-30　　　　　　　图 7-31　　　　　　　图 7-32　　　　　　　图 7-33

步骤 9 　选择"矩形"工具 ▣，在页面中拖曳鼠标光标绘制矩形，设置图形填充色的 CMYK 值为 35、100、100、0，填充矩形，并设置描边色为无，效果如图 7-34 所示。在适当的位置再次拖曳鼠标光标绘制矩形，填充矩形为白色，并设置描边色为无，效果如图 7-35 所示。

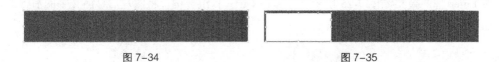

图 7-34　　　　　　　　　　　　　　　图 7-35

步骤 10 　选择"选择"工具 ▶，按住 Shift 键的同时，将红色矩形和白色矩形同时选取，单击"对齐"面板中的"垂直居中对齐"按钮 ▯，对齐效果如图 7-36 所示。按 Ctrl+G 组合键，将其编组，并将编组图形拖曳到页面中适当的位置，效果如图 7-37 所示。按住 Shift 键的同时，单击背景图片，将背景图片和编组图形同时选取，单击"对齐"面板中的"水平居中对齐"按钮 ▯，对齐效果如图 7-38 所示。

图 7-36　　　　　　　　　图 7-37　　　　　　　图 7-38

3. 制作标志

步骤 1 　选择"椭圆"工具 ◯，按住 Shift 键的同时，在页面中拖曳鼠标光标绘制圆形，如图 7-39 所示。双击"多边形"工具 ◯，弹出"多边形设置"对话框，选项的设置如图 7-40 所示。单击"确定"按钮，按住 Shift 键的同时，在页面中分别拖曳鼠标光标，绘制两个多边形图形，效果如图 7-41 所示。

扫码观看
本案例视频03

图 7-39

图 7-40

图 7-41

步骤 2 选择"选择"工具 ，用圈选的方法将圆形和多边形同时选取，如图 7-42 所示。选择"窗口 > 对象和版面 > 路径查找器"命令，弹出"路径查找器"面板，单击"减去"按钮 ，如图 7-43 所示，生成新的对象，效果如图 7-44 所示。

图 7-42

图 7-43

图 7-44

步骤 3 保持图形的选取状态，双击"渐变色板"工具 ，弹出"渐变"面板，在"类型"选项的下拉列表中选择"线性"，在色带上选中左侧的渐变色标，设置 CMYK 的值为 0、100、0、0，选中右侧的渐变色标，设置 CMYK 的值为 0、100、0、30，其他选项的设置如图 7-45 所示，在图形上拖曳鼠标光标，如图 7-46 所示，填充渐变色，并设置描边色为无，效果如图 7-47 所示。

图 7-45

图 7-46

图 7-47

步骤 4 选择"文字"工具 ，在页面中拖曳文本框，输入需要的文字。将输入的文字选取，在"控制"面板中选择合适的字体并设置文字大小，效果如图 7-48 所示。选取文字"七尚家"，在"控制"面板中选择合适的字体并设置文字大小，效果如图 7-49 所示。

图 7-48

图 7-49

步骤 5 使用"文字"工具 ，再次选取需要的文字，在"控制"面板中将"基线偏移"选项设为 - 5 点，按 Enter 键，效果如图 7-50 所示。在文字下方拖曳文本框，输入需要的文字。将输入的文字选取，在"控制"面板中选择合适的字体并设置文字大小，效果如图 7-51 所示。

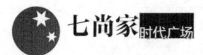

图 7-50　　　　　　　　　　　　　　图 7-51

步骤　6　选择"选择"工具 ，用圈选的方法将图形和文字同时选取，按 Ctrl+G 组合键，将其编组，如图 7-52 所示。并将编组图形拖曳到适当的位置，效果如图 7-53 所示。

图 7-52　　　　　　　　　　　　　图 7-53

步骤　7　选择"文字"工具 ，在页面中拖曳文本框，输入需要的文字。将输入的文字选取，在"控制"面板中选择合适的字体并设置文字大小，效果如图 7-54 所示。在"控制"面板中将"字符间距" 选项设为 50，按 Enter 键，效果如图 7-55 所示。

图 7-54　　　　　　　　　　　　　图 7-55

步骤　8　选择"直线"工具 ，按住 Shift 键的同时，在页面中适当的位置拖曳鼠标光标绘制直线。在"控制"面板中将"描边粗细" 选项设为 2 点，按 Enter 键，改变直线的粗细。并将描边色设为白色，效果如图 7-56 所示。

步骤　9　选择"文字"工具 ，在页面中拖曳文本框，输入需要的文字。将输入的文字选取，在"控制"面板中选择合适的字体并设置文字大小，如图 7-57 所示。

图 7-56　　　　　　　　　　　　　图 7-57

步骤　10　保持文字的选取状态，按 Ctrl+T 组合键，弹出"字符"面板，将"垂直缩放" 选项设为 150%，"字符间距" 选项设为 5，其他选项的设置如图 7-58 所示，按 Enter 键，效果如图 7-59 所示。

步骤　11　在页面空白处单击，取消文字的选取状态，购物招贴制作完成，效果如图 7-60 所示。

图 7-58　　　　　　　　图 7-59　　　　　　　　图 7-60

7.1.4 【相关知识】

1. 字符格式控制

在 InDesign CS6 中，可以通过"控制"面板和"字符"面板设置字符的格式。这些格式包括文字的字体、字号、颜色、字符间距等。

选择"文字"工具 T，"控制"面板如图 7-61 所示。

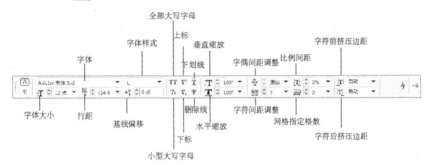

图 7-61

选择"窗口 > 文字和表 > 字符"命令或按 Ctrl+T 组合键，弹出"字符"面板，如图 7-62 所示。

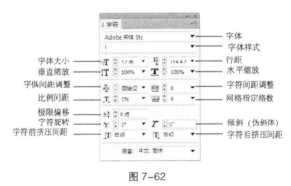

图 7-62

◎ 字体

字体是版式编排中最基础、最重要的组成部分。下面，具体介绍设置字体和复合字体的方法。

选择"文字"工具 T，选择要更改的文字，如图 7-63 所示。在"控制"面板中单击"字体"选项右侧的按钮 ，在弹出的下拉列表中选择一种样式，如图 7-64 所示。改变字体，取消选取状态，效果如图 7-65 所示。

图 7-63   图 7-64   图 7-65

选择"文字"工具 T，选择要更改的文本，如图 7-66 所示。选择"窗口 > 文字和表 > 字符"命令，或按 Ctrl+T 组合键，弹出"字符"面板，单击"字体"选项右侧的按钮▼，从弹出的下拉列表中选择一种需要的字体样式，如图 7-67 所示。取消选取状态，文字效果如图 7-68 所示。

图 7-66　　　　　　　　　　图 7-67　　　　　　　　　　图 7-68

选择"文字 > 复合字体"命令，或按 Ctrl+Shift+Alt+F 组合键，弹出"复合字体编辑器"对话框，如图 7-69 所示。单击"新建"按钮，弹出"新建复合字体"对话框，如图 7-70 所示，在"名称"文本框中输入复合字体的名称，如图 7-71 所示。单击"确定"按钮，返回到"复合字体编辑器"对话框中，在列表框下方选取字体，如图 7-72 所示。

图 7-69　　　　　　　　　　　　　　　　　图 7-70

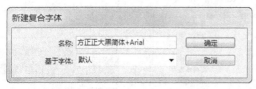

图 7-71　　　　　　　　　　　　　　　　　图 7-72

单击列表框中的其他选项，分别设置需要的字体，如图 7-73 所示。单击"存储"按钮，将复合字体存储，再单击"确定"按钮，复合字体制作完成，在字体列表的最上方显示，如图 7-74 所示。

图 7-73　　　　　　　　　　　　　　　　图 7-74

在"复合字体编辑器"对话框的右侧，可进行如下操作。

单击"导入"按钮，可导入其他文本中的复合字体。

选取不需要的复合字体，单击"删除字体"按钮，可删除复合字体。

通过选择"横排文本"和"直排文本"单选项切换样本文本的文本方向，使其以水平或垂直方式显示。还可以选择"显示"或"隐藏"指示表意字框、全角字框、基线等彩线。

◎ **行距**

选择"文字"工具 T，选择要更改行距的文本，如图 7-75 所示。在"控制"面板中的"行距"选项 的文本框中输入需要的数值后，按 Enter 键确认操作。取消文字的选取状态，效果如图 7-76 所示。

图 7-75　　　　　　　　　　　　　　　　图 7-76

选择"文字"工具 T，选择要更改的文本，如图 7-77 所示。"字符"面板如图 7-78 所示，在"行距"选项 的文本框中输入需要的数值，如图 7-79 所示，按 Enter 键确认操作。取消文字的选取状态，效果如图 7-80 所示。

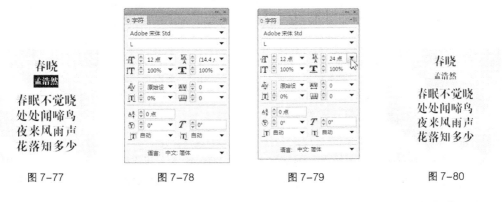

图 7-77　　　　　图 7-78　　　　　图 7-79　　　　　图 7-80

◎ 调整字偶间距和字距

选择"文字"工具 ，在需要的位置单击插入光标，如图 7-81 所示。在"控制"面板中的"字偶间距调整"选项 的文本框中输入需要的数值，如图 7-82 所示，按 Enter 键确认操作。取消文字的选取状态，效果如图 7-83 所示。

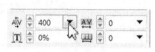

图 7-81　　　　　　　　　图 7-82　　　　　　　　　图 7-83

提　示　　选择"文字"工具 T ，在需要的位置单击插入光标，按住 Alt 键的同时，按向左（或向右）方向键可减小（或增大）两个字符之间的字偶间距。

选择"文字"工具 T ，选择需要的文本，如图 7-84 所示。在"控制"面板中的"字符间距调整"选项 的文本框中输入需要的数值，如图 7-85 所示，按 Enter 键确认操作。取消文字的选取状态，效果如图 7-86 所示。

图 7-84　　　　　　　　　图 7-85　　　　　　　　　图 7-86

提　示　　选择"文字"工具 T ，选择需要的文本，按住 Alt 键的同时，按向左（或右）方向键可减小（或增大）字符间距。

◎ 基线偏移

选择"文字"工具 ，选择需要的文本，如图 7-87 所示。在"控制"面板中的"基线偏移"选项 的文本框中输入需要的数值，正值将使该字符的基线移动到这一行中其余字符基线的上方，如图 7-88 所示；负值将使该字符移动到这一行中其余字符基线的下方，如图 7-89 所示。

图 7-87　　　　　　　　　图 7-88　　　　　　　　　图 7-89

提　示　　在"基线偏移"选项 的文本框中单击，按向上（或向下）方向键可增大（或减小）基线偏移值。按住 Shift 键的同时，再按向上或向下方向键，可以按更大的增量（或减量）更改基线偏移值。

◎ 字符上标或下标

选择"文字"工具 T ，选择需要的文本，如图 7-90 所示。在"控制"面板中单击"上标"按钮 T ，如图 7-91 所示，选取的文本变为上标。取消文字的选取状态，效果如图 7-92 所示。

春 1 晓
孟浩然

春 ¹ 晓
孟浩然

图 7-90   图 7-91   图 7-92

选择"文字"工具 T，选择需要的文本，如图 7-93 所示。在"字符"面板中单击右上方的图标，在弹出的菜单中选择"下标"命令，如图 7-94 所示，选取的文本变为下标。取消文字的选取状态，效果如图 7-95 所示。

春 1 晓
孟浩然

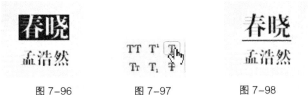

春 1 晓
孟浩然

图 7-93   图 7-94   图 7-95

◎ **下划线和删除线**

选择"文字"工具 T，选择需要的文本，如图 7-96 所示。在"控制"面板中单击"下划线"按钮 T，如图 7-97 所示，为选取的文本添加下划线。取消文字的选取状态，效果如图 7-98 所示。

春晓
孟浩然

TT T¹ T
Tr T₁ 平

春晓
孟浩然

图 7-96   图 7-97   图 7-98

选择"文字"工具 T，选择需要的文本，如图 7-99 所示。在"字符"面板中单击右上方的图标，在弹出的菜单中选择"删除线"命令，如图 7-100 所示，为选取的文本添加删除线。取消文字的选取状态，效果如图 7-101 所示。下划线和删除线的默认粗细、颜色取决于文字的大小和颜色。

春晓
孟浩然

春晓
孟浩然

图 7-99   图 7-100   图 7-101

◎ 缩放文字

选择"文字"工具 T，选取需要的文本框，如图 7-102 所示。按 Ctrl+T 组合键，弹出"字符"面板，在"垂直缩放"选项 IT 100% ▼ 文本框中输入需要的数值，如图 7-103 所示，按 Enter 键确认操作，垂直缩放文字。取消文本框的选取状态，效果如图 7-104 所示。

图 7-102   图 7-103   图 7-104

选择"选择"工具 ，选取需要的文本框，如图 7-105 所示，在"字符"面板中的"水平缩放"选项 T 100% ▼ 文本框中输入需要的数值，如图 7-106 所示，按 Enter 键确认操作，水平缩放文字。取消文本框的选取状态，效果如图 7-107 所示。

图 7-105   图 7-106   图 7-107

选择"文字"工具 T，选择需要的文字。在"控制"面板的"垂直缩放"选项 IT 100% ▼ 或"水平缩放"选项 T 100% ▼ 文本框中分别输入需要的数值，也可缩放文字。

◎ 倾斜文字

选择"选择"工具 ，选取需要的文本框，如图 7-108 所示。按 Ctrl+T 组合键，弹出"字符"面板，在"倾斜"选项 T 0° 的文本框中输入需要的数值，如图 7-109 所示，按 Enter 键确认操作，倾斜文字。取消文本框的选取状态，效果如图 7-110 所示。

图 7-108   图 7-109   图 7-110

◎ **旋转文字**

选择"选择"工具，选取需要的文本框，如图 7-111 所示。按 Ctrl+T 组合键，弹出"字符"面板，在"字符旋转"选项 中输入需要的数值，如图 7-112 所示，按 Enter 键确认操作，旋转文字。取消文本框的选取状态，效果如图 7-113 所示。输入负值可以向右（顺时针）旋转字符。

图 7-111　　　　　　　　图 7-112　　　　　　　　图 7-113

◎ **调整字符前后的间距**

选择"文字"工具，选择需要的字符，如图 7-114 所示。在"控制"面板中的"比例间距"选项 文本框中输入需要的数值，如图 7-115 所示，按 Enter 键确认操作，可调整字符的前后间距。取消文字的选取状态，效果如图 7-116 所示。

图 7-114　　　　　　　　图 7-115　　　　　　　　图 7-116

调整"控制"面板或"字符"面板中的"字符前挤压间距"选项 和"字符后挤压间距"选项 ，也可调整字符前后的间距。

◎ **对齐不同大小的文本**

选择"选择"工具，选取需要的文本框，如图 7-117 所示。单击"字符"面板右上方的图标，在弹出的菜单中选择"字符对齐方式"命令，弹出子菜单，如图 7-118 所示。

图 7-117

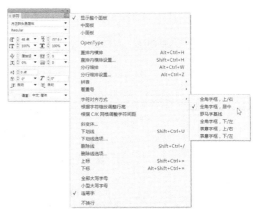

图 7-118

在弹出的子菜单中选择需要的对齐方式，为大小不同的文字对齐，效果如图 7-119 所示。

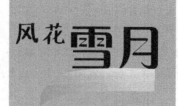
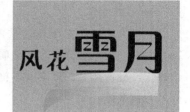

全角字框，居中　　　　　　全角字框，上/右　　　　　　罗马字基线

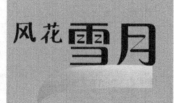
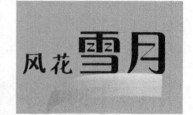

全角字框，下/左　　　　　　表意字框，上/右　　　　　　表意字框，下/左

图 7-119

2. 段落格式控制

在 InDesign CS6 中，可以通过"控制"面板和"段落"面板设置段落的格式。这些格式包括段落间距、首字下沉、段前和段后距等。

选择"文字"工具 **T**，单击"控制"面板中的"段落格式控制"按钮 **¶**，如图 7-120 所示。

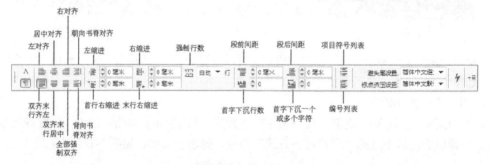

图 7-120

选择"窗口 > 文字和表 > 段落"命令或按 Ctrl+Alt+T 组合键，弹出"段落"面板，如图 7-121所示。

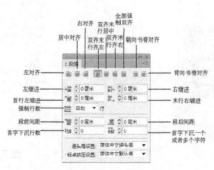

图 7-121

◎ **调整段落间距**

选择"文字"工具 [T]，在需要的段落文本中单击插入光标，如图 7-122 所示。在"段落"面板中的"段前间距" 文本框中输入需要的数值，如图 7-123 所示。按 Enter 键确认操作，可调整段落前的间距，效果如图 7-124 所示。

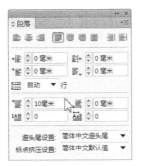

图 7-122　　　　　　　　图 7-123　　　　　　　　图 7-124

选择"文字"工具 [T]，在需要的段落文本中单击插入光标，如图 7-125 所示。在"控制"面板中的"段后间距" 文本框中输入需要的数值，如图 7-126 所示，按 Enter 键确认操作，可调整段落后的间距，效果如图 7-127 所示。

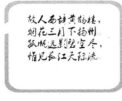

图 7-125　　　　　　　　图 7-126　　　　　　　　图 7-127

◎ **首字下沉**

选择"文字"工具 [T]，在段落文本中单击插入光标，如图 7-128 所示。在"段落"面板中的"首字下沉行数" 文本框中输入需要的数值，如图 7-129 所示，按 Enter 键确认操作，效果如图 7-130 所示。

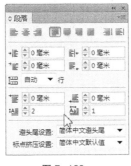

图 7-128　　　　　　　　图 7-129　　　　　　　　图 7-130

在"首字下沉一个或多个字符" 文本框中输入需要的数值，如图 7-131 所示，按 Enter 键确认操作，效果如图 7-132 所示。

在"控制"面板中的"首字下沉行数" 或"首字下沉一个或多个字符" 文本框中分别输入需要的数值也可设置首字下沉。

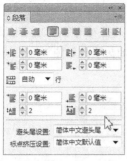

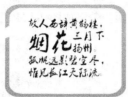

图 7-131　　　　　　　　　　　　图 7-132

◎ 项目符号和编号

项目符号和编号可以让文本看起来更有条理，在 InDesign 中可以轻松创建并修改它们，并可以将项目符号嵌入段落样式中。

选择"文字"工具 T，选取需要的文本，如图 7-133 所示。在"控制"面板中单击"段落格式控制"按钮 ，切换到相应的面板中，单击"项目符号"按钮 ，效果如图 7-134 所示，单击"编号列表"按钮 ，效果如图 7-135 所示。

图 7-133　　　　　　　　图 7-134　　　　　　　　图 7-135

选择"文字"工具 T，选取要重新设置的含编号的文本，如图 7-136 所示。按住 Alt 键的同时，单击"编号列表"按钮 ，或单击"段落"面板右上方的图标 ，在弹出的菜单中选择"项目符号和编号"命令，弹出"项目符号和编号"对话框，如图 7-137 所示。

图 7-136　　　　　　　　　　　图 7-137

在"编号样式"选项组中，各选项的功能如下。

"格式"选项：设置需要的编号类型。

"编号"选项：使用默认表达式，即句号（.）加制表符空格（^t），或者构建自己的编号表达式。

"字符样式"选项：为表达式选取字符样式，将应用到整个编号表达式，而不只是数字。

"模式"选项：在其下拉列表中有两个选项，"从上一个编号继续"按顺序对列表进行编号；

"开始于"从一个数字或在文本框中输入的其他值处开始进行编号。输入数字而非字母,即使列表使用字母或罗马数字来进行编号也是如此。

在"项目符号或编号位置"选项组中,各选项的功能如下。

"对齐方式"选项:在为编号分配的水平间距内左对齐、居中对齐或右对齐项目符号或编号。

"左缩进"选项:指定第一行之后的行缩进量。

"首行缩进"选项:控制项目符号或编号的位置。

"制表符位置"选项:在项目符号或编号与列表项目的起始处之间生成空格。

设置需要的样式,如图7-138所示,单击"确定"按钮,效果如图7-139所示。

图7-138

图7-139

选择"文字"工具 $\boxed{T}$,选取要重新设置的包含项目符号和编号的文本,如图7-140所示。按住Alt键的同时,单击"项目符号"按钮 ,或单击"段落"面板右上方的图标 ,在弹出的菜单中选择"项目符号和编号"命令,弹出"项目符号和编号"对话框,如图7-141所示。

图7-140

图7-141

在"项目符号字符"选项中,可进行如下操作。

单击"添加"按钮,弹出"添加项目符号"对话框,如图7-142所示。根据不同的字体和字体样式设置不同的符号,选取需要的字符,单击"确定"按钮,即可添加项目符号字符。

选取要删除的字符,单击"删除"按钮,可删除字符。其他选项的设置与编号选项对话框中的设置相同,这里不再赘述。

在"添加项目符号"对话框中的设置如图7-143所示,单击"确定"按钮,返回到"项目符号和编号"对话框中,设置需要的符号样式,如图7-144所示,单击"确定"按钮,效果如图7-145所示。

图 7-142

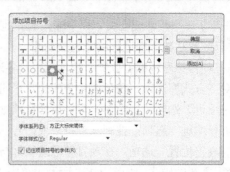

图 7-143

图 7-144

图 7-145

7.1.5　【实战演练】制作青春起航招贴

使用绘图工具、填色面板制作背景效果；使用文字工具和控制面板制作标题文字；使用直线工具绘制竖线。最终效果参看云盘中的"Ch07 > 效果 > 制作青春起航招贴"，如图 7-146 所示。

图 7-146

7.2　制作台历

7.2.1　【案例分析】

随着时间的流逝，台历伴随着人们翻过一页又一页。在台历的设计上要包括年月日等基本要素，日期要排列整齐、易于辨识，同时要结合风景的图片，营造出美好生活气息。

7.2.2 【设计理念】

在设计思路上，选用红色作为点缀，预示着生活中的惊喜和美好。运用风景图片为台历增添特色和生活氛围。文字排列整齐，整副画面显得干净整洁，给人轻松雅致的感觉。挂环的设计使得台历效果更具真实感。最终效果参看云盘中的"Ch07 > 效果 > 制作台历"，如图 7-147 所示。

图 7-147

7.2.3 【案例操作】

1. 制作台历日期

步骤 1 选择"文件 > 新建 > 文档"命令，弹出"新建文档"对话框，设置如图 7-148 所示。单击"边距和分栏"按钮，弹出"新建边距和分栏"对话框，设置如图 7-149 所示，单击"确定"按钮，新建一个页面。选择"视图 > 其他 > 隐藏框架边缘"命令，将所绘制图形的框架边缘隐藏。

步骤 2 选择"文件 > 置入"命令，弹出"置入"对话框，选择云盘中的"Ch07 > 素材 > 制作台历 > 01"文件，单击"打开"按钮，在页面空白处单击鼠标左键置入图片。选择"自由变换"工具 ，将图片拖曳到适当的位置并调整其大小，效果如图 7-150 所示。

步骤 3 选择"矩形框架"工具 ，在页面中绘制一个矩形框架，如图 7-151 所示。选择"选择"工具 ，选取图片，按 Ctrl+X 组合键，剪切图片。选取矩形，选择"编辑 > 贴入内部"命令，将图片贴入矩形的内部，效果如图 7-152 所示。

图 7-148

图 7-149

图 7-150

图 7-151

图 7-152

步骤 4 选择"文字"工具 T ，在页面中分别拖曳文本框，输入需要的文字，将输入的文字选取，在"控制"面板中选择合适的字体并设置文字大小，如图 7-153 所示。

步骤 5 选取数字"2017"，如图 7-154 所示，在"控制"面板中将"字距" 选项设为

240，按 Enter 键，效果如图 7-155 所示。

图 7-153 　　　　　　图 7-154 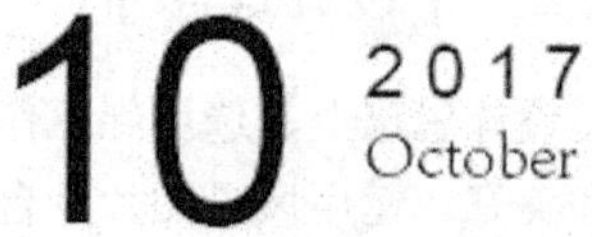　　　　　　图 7-155

步骤 6 选择"矩形"工具，在适当的位置绘制矩形，如图 7-156 所示。选择"椭圆"工具，在适当的位置绘制椭圆形，设置图形填充色的 CMYK 值为 13、75、45、0，填充图形，并设置描边色为无，效果如图 7-157 所示。连续按 Ctrl+ [组合键，将图形向后移动到适当的位置，效果如图 7-158 所示。

图 7-156 　　　　　　图 7-157 　　　　　　图 7-158

步骤 7 选择"文字"工具，在页面中拖曳一个文本框，输入需要的文字，将输入的文字选取，在"控制"面板中选择合适的字体并设置文字大小，如图 7-159 所示。在"控制"面板中将"字距"选项设为 1840，按 Enter 键，效果如图 7-160 所示。

步骤 8 用相同的方法输入其他文字，如图 7-161 所示，在"控制"面板中将"行距"选项设为 38，按 Enter 键，效果如图 7-162 所示。

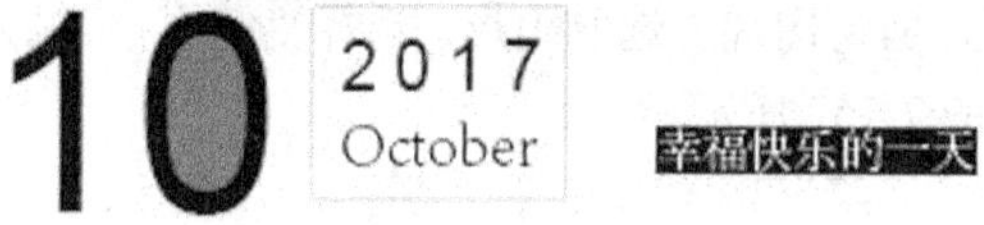

图 7-159

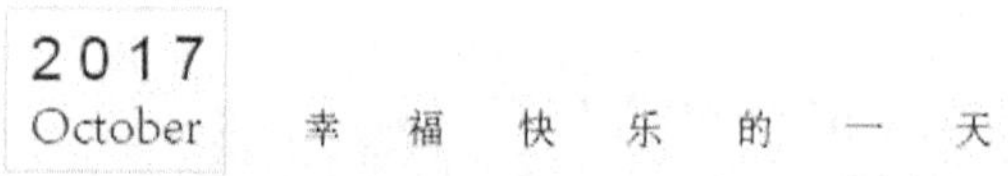

图 7-160 　　　　　　图 7-161 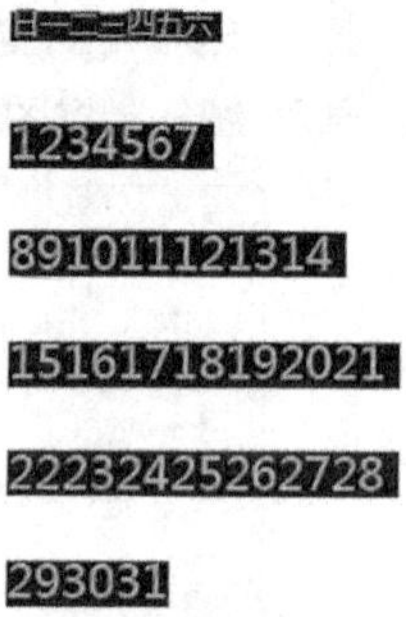　　　　　　图 7-162

步骤 9 选择"文字"工具，选取需要的文字，如图 7-163 所示。设置文字填充色的 CMYK 值为 13、75、45、0，填充文字，取消文字选取状态，效果如图 7-164 所示。用相同的方法选取并填充其他文字，效果如图 7-165 所示。

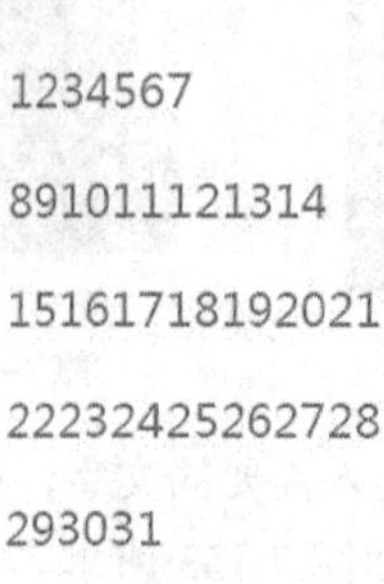

图 7-163 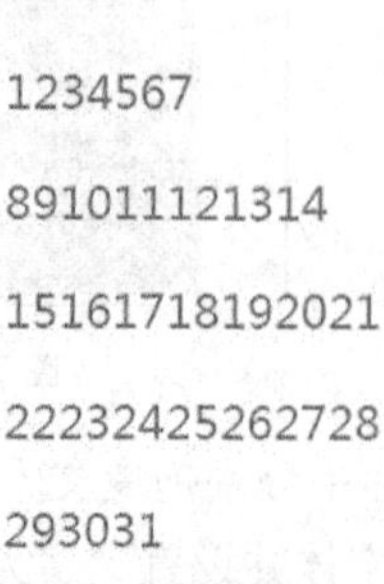　　　　　　图 7-164 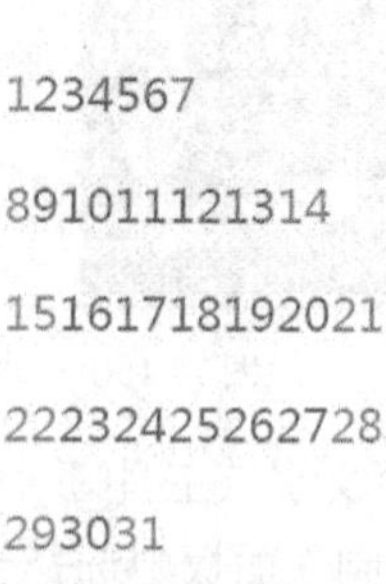　　　　　　图 7-165

步骤 10 选择"文字"工具 T ，将输入的文字同时选取，如图 7-166 所示。选择"文字 > 制表符"命令，弹出"制表符"面板，如图 7-167 所示。

图 7-166   图 7-167

步骤 11 单击"居中对齐制表符"按钮 ，并在标尺上单击添加制表符，在"X"文本框中输入 21 毫米，如图 7-168 所示。单击面板右上方的 图标，在弹出的菜单中选择"重复制表符"命令，"制表符"面板如图 7-169 所示。

图 7-168   图 7-169

步骤 12 在适当的位置单击鼠标左键插入光标，按 Tab 键，如图 7-170 所示。用相同的方法分别在适当的位置插入光标，按 Tab 键，效果如图 7-171 所示。

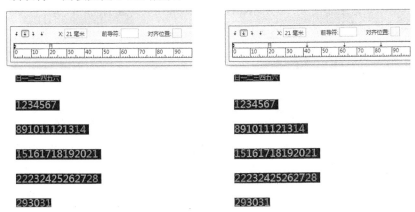

日	一	二	三	四	五	六
1	2	3	4	5	6	7
8	9	10	11	12	13	14
15	16	17	18	19	20	21
22	23	24	25	26	27	28
29	30	31				

图 7-170   图 7-171

步骤 13 用相同的方法输入其他文字，并将其拖曳到适当的位置，效果如图 7-172 所示。选择"直线"工具 ，在页面中绘制直线，效果如图 7-173 所示。

日	一	二	三	四	五	六	日	一	二	三	四	五	六
1 国庆节	2 十三	3 十四	4 中秋节	5 十六	6 十七	7 十八	1 国庆节	2 十三	3 十四	4 中秋节	5 十六	6 十七	7 十八
8 寒露	9 二十	10 廿一	11 廿二	12 廿三	13 廿四	14 廿五	8 寒露	9 二十	10 廿一	11 廿二	12 廿三	13 廿四	14 廿五
15 廿六	16 廿七	17 廿八	18 廿九	19 三十	20 九月	21 初二	15 廿六	16 廿七	17 廿八	18 廿九	19 三十	20 九月	21 初二
22 初三	23 霜降	24 初五	25 初六	26 初七	27 初八	28 重阳节	22 初三	23 霜降	24 初五	25 初六	26 初七	27 初八	28 重阳节
29 初十	30 十一	31 十二					29 初十	30 十一	31 十二				

图 7-172 　　　　　　　　　　　图 7-173

2. 制作台历环

步骤 1　选择"椭圆"工具，按住 Shift 键的同时，在页面中绘制圆形，设置图形填充色的 CMYK 值为 0、0、0、30，填充图形，并设置描边色为无，效果如图 7-174 所示。选择"直线"工具，按住 Shift 键的同时，在页面中绘制直线，设置描边色的 CMYK 值为 0、0、0、30，填充描边；在"控制"面板中将"描边粗细" 0.283 点 选项设为 1 点，按 Enter 键，效果如图 7-175 所示。

步骤 2　选择"选择"工具，按住 Shift 键的同时，将直线和圆形同时选取，按 Ctrl+G 组合键，将其编组，效果如图 7-176 所示。按住 Alt+Shift 组合键的同时，水平向右拖曳图形到适当的位置，复制图形，效果如图 7-177 所示。

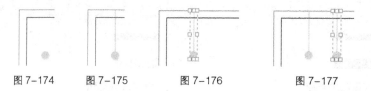

图 7-174 　　图 7-175 　　　图 7-176 　　　　图 7-177

步骤 3　连续按 Ctrl+Alt+4 组合键，按需要再绘制多个图形，效果如图 7-178 所示。选择"选择"工具，按住 Shift 键的同时，将所绘制的图形同时选取，按 Ctrl+G 组合键，将其编组，在"控制"面板中将"不透明度" 100% 选项设为 50%，按 Enter 键，效果如图 7-179 所示。

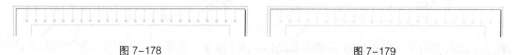

图 7-178 　　　　　　　　　　　图 7-179

步骤 4　选择"矩形"工具，在适当的位置绘制矩形，如图 7-180 所示。设置图形填充色的 CMYK 值为 13、75、45、0，填充图形，并设置描边色为无，效果如图 7-181 所示。用相同的方法绘制其他矩形，效果如图 7-182 所示。

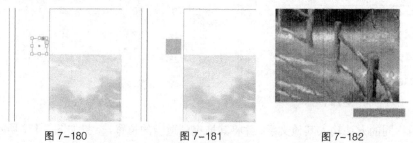

图 7-180 　　　　　图 7-181 　　　　　图 7-182

步骤 5　选择"直线"工具，在适当的位置绘制斜线，设置描边色的 CMYK 值为 13、75、

45、0，填充描边，效果如图 7-183 所示。用相同的方法绘制其他直线，并调整描边粗细，效果如图 7-184 所示。风景台历制作完成，效果如图 7-185 所示。

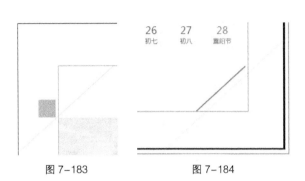

图 7-183   图 7-184   图 7-185

7.2.4 【相关知识】

1. 对齐文本

选择"选择"工具 ，选取需要的文本框，如图 7-186 所示。选择"窗口 > 文字和表 > 段落"命令，弹出"段落"面板，如图 7-187 所示，单击需要的对齐按钮，效果如图 7-188 所示。

图 7-186   图 7-187

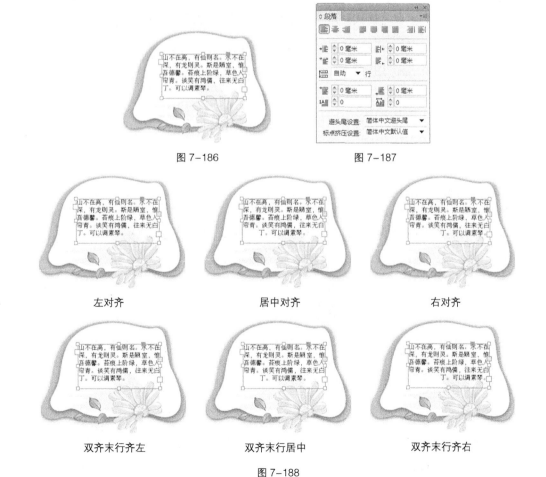

左对齐   居中对齐   右对齐

双齐末行齐左   双齐末行居中   双齐末行齐右

图 7-188

全部强制双齐　　　　　　　朝向书籍对齐　　　　　　　背向书籍对齐

图 7-188（续）

2. 字符样式和段落样式

字符样式是通过一个步骤就可以应用于文本的一系列字符格式属性的集合。段落样式包括字符和段落格式属性，可应用于一个段落，也可应用于某范围内的段落。

◎ 打开样式面板

选择"文字 > 字符样式"命令，或按 Shift+F11 组合键，弹出"字符样式"面板，如图 7-189 所示。选择"窗口 > 文字和表 > 字符样式"命令，也可弹出"字符样式"面板。

选择"文字 > 段落样式"命令，或按 F11 键，弹出"段落样式"面板，如图 7-190 所示。选择"窗口 > 文字和表 > 段落样式"命令，也可弹出"段落样式"面板。

图 7-189　　　　　　　　　　　　　图 7-190

◎ 定义字符样式

单击"字符样式"面板下方的"创建新样式"按钮 ，在面板中生成新样式，如图 7-191 所示。双击新样式的名称，弹出"字符样式选项"对话框，如图 7-192 所示。

图 7-191　　　　　　　　　　　　　图 7-192

"样式名称"选项：在文本框中输入新样式的名称。

"基于"选项：在下拉列表中选择当前样式所基于的样式。使用此选项，可以将样式相互链接，以便一种样式中的变化可以反映到基于它的子样式中。默认情况下，新样式基于[无]或当前任何选定文本的样式。

"快捷键"选项：用于添加键盘快捷键。

"将样式应用于选区"复选框：勾选该选项，将新样式应用于选定文本。

在其他选项中指定格式属性，单击左侧的某个类别，指定要添加到样式中的属性。完成设置后，单击"确定"按钮即可。

◎ **定义段落样式**

单击"段落样式"面板下方的"创建新样式"按钮，在面板中生成新样式，如图 7-193 所示。双击新样式的名称，弹出"段落样式选项"对话框，如图 7-194 所示。

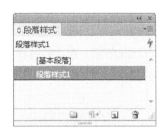

图 7-193

图 7-194

除"下一样式"选项外，其他选项的设置与"字符样式选项"对话框相同，这里不再赘述。

"下一样式"选项：指定当按 Enter 键时在当前样式之后应用的样式。

单击"段落样式"面板右上方的图标，在弹出的菜单中选择"新建段落样式"命令，如图 7-195 所示，弹出"新建段落样式"对话框，如图 7-196 所示，也可新建段落样式。其中的选项与"段落样式选项"对话框相同，这里不再赘述。

图 7-195

图 7-196

提 示 若想在现有文本格式的基础上创建一种新的样式，选择该文本或在该文本中单击插入光标，单击"段落样式"面板下方的"创建新样式"按钮 🔲 即可。

◎ **应用字符样式**

选择"文字"工具 T，选取需要的字符，如图 7-197 所示。在"字符样式"面板中单击需要的字符样式名称，如图 7-198 所示，为选取的字符添加样式。取消文字的选取状态，效果如图 7-199 所示。

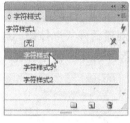
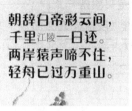

| 图 7-197 | 图 7-198 | 图 7-199 |

在"控制"面板中单击"快速应用"按钮 🗲，弹出"快速应用"面板，单击需要的段落样式，或按下定义的快捷键，也可为选取的字符添加样式。

◎ **应用段落样式**

选择"文字"工具 T，在段落文本中单击插入光标，如图 7-200 所示。在"段落样式"面板中单击需要的段落样式名称，如图 7-201 所示，为选取的段落添加样式，效果如图 7-202 所示。

| 图 7-200 | 图 7-201 | 图 7-202 |

在"控制"面板中单击"快速应用"按钮 🗲，弹出"快速应用"面板，单击需要的段落样式，或按下定义的快捷键，也可为选取的段落添加样式。

◎ **编辑样式**

在"段落样式"面板中，用鼠标右键单击要编辑的样式名称，在弹出的菜单中选择"编辑'段落样式'"命令，如图 7-203 所示，弹出"段落样式选项"对话框，如图 7-204 所示，设置需要的选项，单击"确定"按钮即可。

在"段落样式"面板中，双击要编辑的样式名称，或者在选择要编辑的样式后，单击面板右上方的图标 ▼，在弹出的菜单中选择"样式选项"命令，弹出"段落样式选项"对话框，设置需要的选项，单击"确定"按钮即可。字符样式的编辑与段落样式相似，故这里不再赘述。

 提 示 单击或双击样式会将该样式应用于当前选定的文本或文本框架，如果没有选定任何文本或文本框架，则会将该样式设置为新框架中输入的任何文本的默认样式。

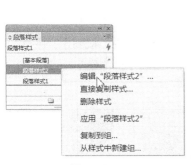

图 7-203　　　　　　　　　　　　　　　　　　图 7-204

◎　删除样式

在"段落样式"面板中，选取需要删除的段落样式，如图 7-205 所示。单击面板下方的"删除选定样式/组"按钮 ，或单击面板右上方的图标，在弹出的菜单中选择"删除样式"命令，如图 7-206 所示。删除选取的段落样式后，面板如图 7-207 所示。

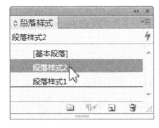　　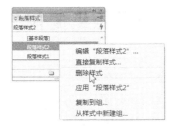　　

图 7-205　　　　　　　　　图 7-206　　　　　　　　　图 7-207

在要删除的段落样式上单击鼠标右键，在弹出的快捷菜单中单击"删除样式"命令，也可删除选取的样式。

要删除所有未使用的样式，在"段落样式"面板中单击右上方的图标，在弹出的菜单中选择"选择所有未使用的"命令，选取所有未使用的样式，单击"删除选定样式/组"按钮 。当删除未使用的样式时，不会提示替换该样式。在"字符样式"面板中"删除样式"的方法与段落样式相似，故这里不再赘述。

◎　清除段落样式优先选项

当将不属于某个样式的格式应用于应用了这种样式的文本时，此格式称为优先选项。当选择含优先选项的文本时，样式名称旁会显示一个加号（+）。

选择"文字"工具，在有优先选项的文本中单击插入光标，如图 7-208 所示。单击"段落样式"面板中的"清除选区中的覆盖"按钮 ，或单击面板右上方的图标，在弹出的菜单中选择"清除优先选项"命令，如图 7-209 所示，删除段落样式的优先选项，效果如图 7-210 所示。

图 7-208　　　　　　　　　图 7-209　　　　　　　　　图 7-210

7.2.5 【实战演练】制作夏日旅行宣传单

使用直线工具、旋转工具和渐变羽化工具制作背景效果；使用文字工具、钢笔工具、路径查找器面板和多边形工具制作广告语；使用椭圆工具、相加命令和效果面板制作云图形；使用插入表命令、表面板和段落面板添加并编辑表格。最终效果参看云盘中的"Ch07 > 效果 > 制作夏日旅行宣传单"，如图 7-211 所示。

图 7-211

7.3 综合案例——制作报纸周刊

7.3.1 【案例分析】

报纸是以承载新闻和时事评论为主的定期向公众发行的印刷出版物。本案例是为报纸设计版面，要求设计一个简洁、明快、醒目、信息量丰富的头版版面。

7.3.2 【设计理念】

在设计思路上，以图片的方式体现当期新闻主题，加以文字进行说明。报纸头版采用模块式版面设计，形成一块块独立的版块，既可以帮助读者梳理信息，又提高了阅读速度。

7.3.3 【要点提示】

使用文字工具、投影命令和渐变色板工具制作报纸标题栏；使用直线工具划分区域；使用椭圆工具、描边面板和文字工具制作区域文字；使用置入命令和文本绕排命令制作绕排效果；使用段落面板制作并应用文本的段落样式。最终效果参看云盘中的"Ch07 > 效果 > 制作报纸周刊"，如图 7-212 所示。

图 7-212

第**8**章 表格与图层

InDesign CS6 具有强大的表格和图层编辑功能。通过本章的学习，读者可以了解并掌握表格绘制和编辑的方法以及图层的操作技巧，还可以快速地创建复杂而美观的表格，并准确地使用图层编辑出需要的版式文件。

课堂学习目标

- 掌握表格的绘制和编辑技巧
- 熟悉图层的操作方法
- 掌握在图层上编辑对象的方法

8.1 制作汽车广告

8.1.1 【案例分析】

随着时代的发展，汽车已经走进千万家庭，成为人们生活中不可或缺的一部分。本案例是一则汽车广告，在设计上要体现汽车的优良性能及宣传主题。

8.1.2 【设计理念】

在设计思路上，运用汽车图片展示汽车的整体效果，通过细节图片来表现汽车的精良设计和优良品质。添加表格详细介绍汽车的各项性能指标。通过汽车产品在生活中的展示效果和广告语点明宣传主题。最终效果参看云盘中的"Ch08 > 效果 > 制作汽车广告"，如图 8-1 所示。

图 8-1

8.1.3 【案例操作】

1. 置入并编辑图片

步骤 1 选择"文件 > 新建 > 文档"命令，弹出"新建文档"对话框，设置如图 8-2 所示。单击"边距和分栏"按钮，弹出"新建边距和分栏"对话框，设置如图 8-3 所示，单击"确定"按钮，新建一个页面。选择"视图 > 其他 > 隐藏框架边缘"命令，将所绘制图形的框架边缘隐藏。

扫码观看
本案例视频01

图 8-2　　　　　　　　　　　　　　　　　　　图 8-3

步骤 **2** 选择"矩形"工具，在页面中拖曳鼠标绘制矩形，设置图形填充色的 CMYK 值为 14、14、21、10，填充图形，并设置描边色为无，效果如图 8-4 所示。取消图形的选取状态，按 Ctrl+D 组合键，弹出"置入"对话框，选择云盘中的"Ch08 > 素材 > 制作汽车广告 > 01"文件，单击"打开"按钮，在页面空白处单击鼠标左键置入图片。选择"自由变换"工具，将图片拖曳到适当的位置，效果如图 8-5 所示。

图 8-4　　　　　　　　　　　　　　　　　　图 8-5

步骤 **3** 选择"选择"工具，按住 Shift 键的同时，将底图和图片同时选取。按 Shift+F7 组合键，弹出"对齐"面板，单击"水平居中对齐"按钮，如图 8-6 所示，对齐效果如图 8-7 所示。

步骤 **4** 取消图形的选取状态，按 Ctrl+D 组合键，弹出"置入"对话框，选择云盘中的"Ch08 > 素材 > 制作汽车广告 > 02"文件，单击"打开"按钮，在页面空白处单击鼠标左键置入图片，选择"自由变换"工具，拖曳图片到适当的位置并调整其大小，效果如图 8-8 所示。

图 8-6　　　　　　　　　　图 8-7　　　　　　　　　　　图 8-8

步骤 **5** 选择"选择"工具，按住 Shift 键的同时，将白色图片和汽车图片同时选取，选择"对齐"面板，单击"水平居中对齐"按钮，对齐效果如图 8-9 所示。

步骤 **6** 选择"文字"工具，在适当的位置分别拖曳文本框，输入需要的文字。分别选取输入的文字，在"控制"面板中选择合适的字体并设置文字大小。选择"选择"工具，按住 Shift 键的同时，将两个文本框同时选取，效果如图 8-10 所示。单击工具箱下方的"格式针对文本"按钮 $\boxed{T}$ ，填充文字为白色并设置描边色的 CMYK 值为 100、40、0、50，填充描边，效果如图 8-11 所示。

图 8-9　　　　　　　　　　　　图 8-10　　　　　　　　　　　图 8-11

步骤 7　选择"矩形"工具 $\boxed{}$ ，按住 Shift 键的同时，在适当的位置绘制一个正方形。填充图形为白色并设置描边色的 CMYK 值为 14、14、21、10，填充描边。在"控制"面板中将"描边粗细" $\boxed{}$ 选项设为 6.5 点，按 Enter 键，效果如图 8-12 所示。

步骤 8　取消图形的选取状态，按 Ctrl+D 组合键，弹出"置入"对话框，选择云盘中的"Ch08 > 素材 > 制作汽车广告 > 03"文件，单击"打开"按钮，在页面空白处单击鼠标左键置入图片。选择"自由变换"工具 $\boxed{}$ ，拖曳图片到适当的位置并调整其大小，效果如图 8-13 所示。

图 8-12　　　　　　　　　　　　　　　图 8-13

步骤 9　保持图片的选取状态，按 Ctrl+X 组合键，剪切图片。选择"选择"工具 $\boxed{}$ ，选择白色矩形，如图 8-14 所示，选择"编辑 > 贴入内部"命令，将图片贴入矩形的内部，效果如图 8-15 所示。使用相同的方法置入"04""05"图片，制作图 8-16 所示的效果。

图 8-14　　　　　　图 8-15　　　　　　　　图 8-16

步骤 10　选择"选择"工具 $\boxed{}$ ，按住 Shift 键的同时，将需要的图形同时选取，如图 8-17 所示，分别单击"对齐"面板中的"垂直居中对齐"按钮 $\boxed{}$ 和"水平居中分布"按钮 $\boxed{}$ ，效果如图 8-18 所示。

图 8-17

图 8-18

步骤 11 选择"文字"工具 T，在适当的位置拖曳文本框，输入需要的文字。将输入的文字选取，在"控制"面板中选择合适的字体并设置文字大小，如图 8-19 所示。在"控制"面板中将"行距" 选项设为 18，按 Enter 键，效果如图 8-20 所示。

图 8-19

图 8-20

步骤 12 保持文字的选取状态。按住 Alt 键的同时，单击"控制"面板中的"项目符号列表"，在弹出的对话框中将"列表类型"设为项目符号，单击"添加"按钮，在弹出的"添加项目符号"对话框中选择需要的符号，如图 8-21 所示，单击"确定"按钮，返回到"项目符号和编号"对话框中，设置如图 8-22 所示，单击"确定"按钮，效果如图 8-23 所示。

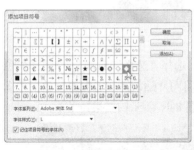

图 8-21

图 8-22

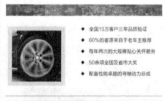

图 8-23

2. 绘制并编辑表格

步骤 1 选择"文字"工具 T，在页面中拖曳出一个文本框。选择"表 > 插入表"命令，在弹出的对话框中进行设置，如图 8-24 所示。单击"确定"按钮，效果如图 8-25 所示。

步骤 2 将鼠标移到表第一行的下边缘，当鼠标指针变为图标 时，按住鼠标向下拖曳，如图 8-26 所示，松开鼠标左键，效果如图 8-27 所示。

扫码观看
本案例视频02

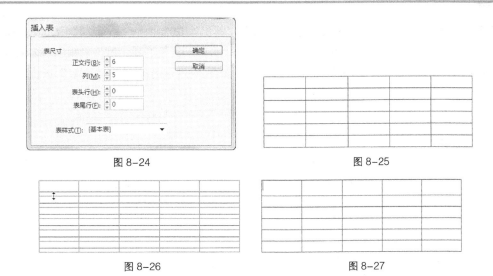

图 8-24　　　　　　　　　　　　　　　　　　　　图 8-25

图 8-26　　　　　　　　　　　　　　　　　　　　图 8-27

步骤 ③ 将鼠标移到表最后一行的左边缘，当鼠标指针变为图标➡时，单击鼠标左键，最后一行被选中，如图 8-28 所示。选择"表 > 合并单元格"命令，将选取的表格合并，效果如图 8-29 所示。

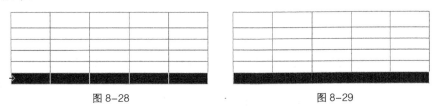

图 8-28　　　　　　　　　　　　　　　　　　　　图 8-29

步骤 ④ 将鼠标移到表的右边缘，鼠标指针变为图标↔，按住 Shift 键的同时，向左拖曳鼠标，如图 8-30 所示，松开鼠标左键，效果如图 8-31 所示。

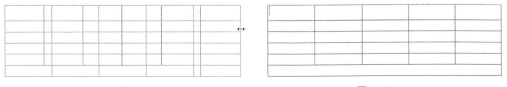

图 8-30　　　　　　　　　　　　　　　　　　　　图 8-31

步骤 ⑤ 选择"窗口 > 颜色 > 色板"命令，弹出"色板"面板，单击面板右上方的图标，在弹出的菜单中选择"新建颜色色板"命令，弹出"新建颜色色板"对话框，选项的设置如图 8-32 所示，单击"确定"按钮，在"色板"面板中生成新的色板，如图 8-33 所示。

图 8-32

图 8-33

中
等
职
业
教
育
数
字
艺
术
类
规
划
教
材

步骤 6 选择"表 > 表选项 > 交替填色"命令，弹出"表选项"对话框，单击"交替模式"选项右侧的 ▼ 按钮，在弹出的下拉列表中选择"每隔一行"选项。单击"颜色"选项右侧的 ▼ 按钮，在弹出的色板中选择刚设置的色板，如图 8-34 所示。单击"确定"按钮，效果如图 8-35 所示。

图 8-34

图 8-35

3. 添加相关的产品信息

步骤 1 分别在表格中输入需要的文字，使用"文字"工具 T，分别选取表格中的文字，在"控制"面板中选择合适的字体并设置文字大小，效果如图 8-36 所示。

步骤 2 将表格中的文字同时选取，按 Alt+Ctrl+T 组合键，弹出"段落"面板，单击"居中对齐"按钮 ，如图 8-37 所示，效果如图 8-38 所示。

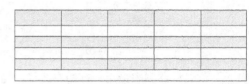

扫 码 观 看
本案例视频03

车型名称	乐风 TC 2012 款 1.8TSI 尊贵型	乐风 TC 2012 款 1.8TSI 豪华型	乐风 TC 2012 款 2.0TSI 尊贵型	乐风 TC 2012 款 2.0TSI 豪华型
发动机	1.8T 160 马力 L4	1.8T 160 马力 L4	2.0T 200 马力 L4	2.0T 200 马力 L4
变速箱	7 挡双离合	7 挡双离合	6 挡双离合	6 挡双离合
车身结构	4 门 5 座三厢车	4 门 5 座三厢车	4 门 5 座三厢车	4 门 5 座三厢车
进气形式	涡轮增压	涡轮增压	涡轮增压	涡轮增压
4799*1855*1417				

图 8-36

图 8-37

车型名称	乐风 TC 2012 款 1.8TSI 尊贵型	乐风 TC 2012 款 1.8TSI 豪华型	乐风 TC 2012 款 2.0TSI 尊贵型	乐风 TC 2012 款 2.0TSI 豪华型
发动机	1.8T 160 马力 L4	1.8T 160 马力 L4	2.0T 200 马力 L4	2.0T 200 马力 L4
变速箱	7 挡双离合	7 挡双离合	6 挡双离合	6 挡双离合
车身结构	4 门 5 座三厢车	4 门 5 座三厢车	4 门 5 座三厢车	4 门 5 座三厢车
进气形式	涡轮增压	涡轮增压	涡轮增压	涡轮增压
4799*1855*1417				

图 8-38

步骤 3 选取需要的文字，如图 8-39 所示。按 Shift+F9 组合键，弹出"表"面板，将"列宽"选项设为 17 毫米，并单击"居中对齐"按钮 ，如图 8-40 所示，对齐效果如图 8-41 所示。

车型名称	乐风 TC 2012 款 1.8TSI 尊贵型	乐风 TC 2012 款 1.8TSI 豪华型	乐风 TC 2012 款 2.0T 尊贵型	乐风 TC 2012 款 2.0TSI 豪华型
发动机	1.8T 160 马力 L4	1.8T 160 马力 L4	2.0T 200 马力 L4	2.0T 200 马力 L4
变速箱	7 挡双离合	7 挡双离合	6 挡双离合	6 挡离合
车身结构	4 门 5 座三厢车	4 门 5 座三厢车	4 门 5 座三厢车	4 门 5 座三厢车
进气形式	涡轮增压	涡轮增压	涡轮增压	涡轮增压
4799*1855*1417				

图 8-39

图 8-40

车型名称	乐风 TC 2012 款 1.8TSI 尊贵型	乐风 TC 2012 款 1.8TSI 豪华型	乐风 TC 2012 款 2.0TSI 尊贵型	乐风 TC 2012 款 2.0TSI 豪华型
发动机	1.8T 160 马力 L4	1.8T 160 马力 L4	2.0T 200 马力 L4	2.0T 200 马力 L4
变速箱	7 挡双离合	7 挡双离合	6 挡双离合	6 挡双离合
车身结构	4 门 5 座三厢车	4 门 5 座三厢车	4 门 5 座三厢车	4 门 5 座三厢车
进气形式	涡轮增压	涡轮增压	涡轮增压	涡轮增压
4799*1855*1417				

图 8-41

步骤 4　选取需要的文字，如图 8-42 所示。在"表"面板中，将"列宽"选项设为 23.97 毫米，并单击"居中对齐"按钮 ，如图 8-43 所示，效果如图 8-44 所示。

车型名称	乐风 TC 2012 款 1.8TSI 尊贵型	乐风 TC 2012 款 1.8TSI 豪华型	乐风 TC 2012 款 2.0TSI 尊贵型	乐风 TC 2012 款 2.0TSI 豪华型
发动机	1.8T 160 马力 L4	1.8T 160 马力 L4	2.0T 200 马力 L4	2.0T 200 马力 L4
变速箱	7 挡双离合	7 挡双离合	6 挡双离合	6 挡双离合
车身结构	4 门 5 座三厢车	4 门 5 座三厢车	4 门 5 座三厢车	4 门 5 座三厢车
进气形式	涡轮增压	涡轮增压	涡轮增压	涡轮增压
4799*1855*1417				

图 8-42

图 8-43

车型名称	乐风 TC 2012 款 1.8TSI 尊贵型	乐风 TC 2012 款 1.8TSI 豪华型	乐风 TC 2012 款 2.0TSI 尊贵型	乐风 TC 2012 款 2.0TSI 豪华型
发动机	1.8T 160 马力 L4	1.8T 160 马力 L4	2.0T 200 马力 L4	2.0T 200 马力 L4
变速箱	7 挡双离合	7 挡双离合	6 挡双离合	6 挡双离合
车身结构	4 门 5 座三厢车	4 门 5 座三厢车	4 门 5 座三厢车	4 门 5 座三厢车
进气形式	涡轮增压	涡轮增压	涡轮增压	涡轮增压
4799*1855*1417				

图 8-44

步骤 5　选取需要的文字，如图 8-45 所示。在"表"面板中，将"行高"选项设为 5.3 毫米，按 Enter 键，如图 8-46 所示，效果如图 8-47 所示。

车型名称	乐风 TC 2012 款 1.8TSI 尊贵型	乐风 TC 2012 款 1.8TSI 豪华型	乐风 TC 2012 款 2.0TSI 尊贵型	乐风 TC 2012 款 2.0TSI 豪华型
发动机	1.8T 160 马力 L4	1.8T 160 马力 L4	2.0T 200 马力 L4	2.0T 200 马力 L4
变速箱	7 挡双离合	7 挡双离合	6 挡双离合	6 挡双离合
车身结构	4 门 5 座三厢车	4 门 5 座三厢车	4 门 5 座三厢车	4 门 5 座三厢车
进气形式	涡轮增压	涡轮增压	涡轮增压	涡轮增压
4799*1855*1417				

图 8-45

图 8-46

车型名称	乐风 TC 2012 款 1.8TSI 尊贵型	乐风 TC 2012 款 1.8TSI 豪华型	乐风 TC 2012 款 2.0TSI 尊贵型	乐风 TC 2012 款 2.0TSI 豪华型
发动机	1.8T 160 马力 L4	1.8T 160 马力 L4	2.0T 200 马力 L4	2.0T 200 马力 L4
变速箱	7 挡双离合	7 挡双离合	6 挡双离合	6 挡双离合
车身结构	4 门 5 座三厢车	4 门 5 座三厢车	4 门 5 座三厢车	4 门 5 座三厢车
进气形式	涡轮增压	涡轮增压	涡轮增压	涡轮增压
4799*1855*1417				

图 8-47

步骤 6 选取需要的文字，在"表"面板中，单击"居中对齐"按钮 ⦙⦙⦙，如图 8-48 所示，效果如图 8-49 所示。

图 8-48

车型名称	乐风 TC 2012 款 1.8TSI 尊贵型	乐风 TC 2012 款 1.8TSI 豪华型	乐风 TC 2012 款 2.0TSI 尊贵型	乐风 TC 2012 款 2.0TSI 豪华型
发动机	1.8T 160 马力 L4	1.8T 160 马力 L4	2.0T 200 马力 L4	2.0T 200 马力 L4
变速箱	7 挡双离合	7 挡双离合	6 挡双离合	6 挡双离合
车身结构	4 门 5 座三厢车	4 门 5 座三厢车	4 门 5 座三厢车	4 门 5 座三厢车
进气形式	涡轮增压	涡轮增压	涡轮增压	涡轮增压
4799*1855*1417				

图 8-49

步骤 7 选择"选择"工具 ▶，选取表格，将其拖曳到适当的位置，如图 8-50 所示。在页面空白处单击，取消表格的选取状态，汽车广告制作完成，效果如图 8-51 所示。

图 8-50

图 8-51

8.1.4 【相关知识】

1. 表的创建

◎ 创建表

选择"文字"工具 T，在需要的位置拖曳出一个文本框或在要创建表的文本框中单击插入光标，如图 8-52 所示。选择"表 > 插入表"命令或按 Ctrl+Shift+Alt+T 组合键，弹出"插入表"对话框，如图 8-53 所示。

"正文行""列"选项：指定正文行中的水平单元格数以及列中的垂直单元格数。

"表头行""表尾行"选项：若表内容跨多个列或多个框架，指定要在其中重复信息的表头行或表尾行的数量。

图 8-52　　　　　　　　　　　　　图 8-53

设置需要的数值，如图 8-54 所示，单击"确定"按钮，效果如图 8-55 所示。

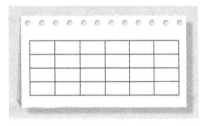

图 8-54　　　　　　　　　　　　　图 8-55

◎ 在表中移动光标

按 Tab 键可以后移一个单元格。若在最后一个单元格中按 Tab 键，则会新建一行。

按 Shift+Tab 组合键可以前移一个单元格。如果在第一个单元格中按 Shift+Tab 组合键，插入点将移至最后一个单元格。

如果在插入点位于直排表中某行的最后一个单元格的末尾时按向下的方向键，则插入点移至同一行中第一个单元格的起始位置。同样，如果在插入点位于直排表中某列的最后一个单元格的末尾时按向左的方向键，则插入点会移至同一列中第一个单元格的起始位置。

选择"文字"工具 T，在表中单击插入光标，如图 8-56 所示。选择"表 > 转至行"命令，弹出"转至行"对话框，指定要转到的行，如图 8-57 所示，单击"确定"按钮，效果如图 8-58 所示。

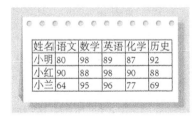

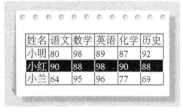

图 8-56　　　　　　　　图 8-57　　　　　　　　图 8-58

若当前表中定义了表头行或表尾行，在菜单中选择"表头"或"表尾"，单击"确定"按钮即可。

2. 选择并编辑表

◎ 选择单元格

选择"文字"工具 T，在要选取的单元格内单击，或选取单元格中的文本，选择"表 > 选择 > 单元格"命令，选取单元格。

选择"文字"工具 T，在单元格中拖曳，选取需要的单元格。注意，不要拖曳行线或列线，否则会改变表的大小。

◎ 选择整个表

选择"文字"工具 T，在要选取的单元格内单击，或选取单元格中的文本，选择"表 > 选择 > 表"命令，或按 Ctrl+Alt+A 组合键，选取整个表。

选择"文字"工具 T，将鼠标移至表的左上角，当鼠标指针变为箭头形状↘时，如图 8-59 所示，单击鼠标左键，选取整个表，效果如图 8-60 所示。

姓名	语文	数学	英语	化学	历史
小明	80	98	89	87	92
小红	90	88	98	90	88
小兰	64	98	88	77	69

图 8-59　　　　　　　　　　　　　　　图 8-60

◎ 插入行

选择"文字"工具 T，在要插入行的前一行或后一行中的任一单元格中单击，插入光标，如图 8-61 所示。选择"表 > 插入 > 行"命令，或按 Ctrl+9 组合键，弹出"插入行"对话框，如图 8-62 所示。

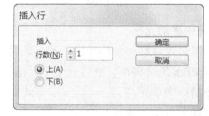

姓名	语文	数学	英语	化学	历史
小明	80	98	89	87	92
小红	90	88	98	90	88
小兰	64	98	88	77	69

图 8-61　　　　　　　　　　　　　　　图 8-62

在"行数"数值框中输入需要插入的行数，指定新行应该显示在当前行的上方还是下方。设置需要的数值如图 8-63 所示，单击"确定"按钮，效果如图 8-64 所示。

姓名	语文	数学	英语	化学	历史
小明	80	98	89	87	92
小红	90	88	98	90	88
小兰	64	98	88	77	69

图 8-63　　　　　　　　　　　　　　　图 8-64

选择"文字"工具 T，在表中的最后一个单元格中单击插入光标，如图 8-65 所示。按 Tab 键可插入一行，效果如图 8-66 所示。

姓名	语文	数学	英语	化学	历史
小明	80	98	89	87	92
小红	90	88	98	90	88
小兰	64	98	88	77	69

图 8-65

姓名	语文	数学	英语	化学	历史
小明	80	98	89	87	92
小红	90	88	98	90	88
小兰	64	98	88	77	69

图 8-66

◎ **插入列**

选择"文字"工具 T，在需要插入列的前一列或后一列中的任一单元格中单击插入光标，如图 8-67 所示。选择"表 > 插入 > 列"命令，或按 Ctrl+Alt+9 组合键，弹出"插入列"对话框，如图 8-68 所示。

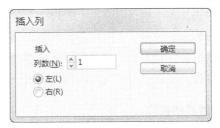

图 8-67   图 8-68

在"列数"数值框中输入需要插入的列数，指定新列应该显示在当前列的左侧还是右侧。设置需要的数值如图 8-69 所示，单击"确定"按钮，效果如图 8-70 所示。

姓名	语文	数学	英语		化学	历史
小明	80	98	89		87	92
小红	90	88	98		90	88
小兰	64	98	88		77	69

图 8-69   图 8-70

◎ **通过拖曳的方式插入行或列**

选择"文字"工具 T，将光标放置在要插入列的前一列边框上，光标变为图标 ↔，如图 8-71 所示，按住 Alt 键向右拖曳鼠标，如图 8-72 所示，松开鼠标左键，效果如图 8-73 所示。

姓名	语文	数学	英语	化学
小明	80	96	66	95
小红	84	85	99	99
小兰	89	68	88	89

姓名	语文	数学	英语	化学
小明	80	96	66	95
小红	84	85	99	99
小兰	89	68	88	89

姓名	语文	数学	英语		化学
小明	80	96	66		95
小红	84	85	99		99
小兰	89	68	88		89

图 8-71   图 8-72   图 8-73

选择"文字"工具 T，将光标放置在要插入行的前一行边框上，光标变为图标 ↕，如图 8-74 所示，按住 Alt 键向下拖曳鼠标，如图 8-75 所示，松开鼠标左键，效果如图 8-76 所示。

姓名	语文	数学	英语	化学
小明	80	96	66	95
小红	84	85	99	99
小兰	89	68	88	89

姓名	语文	数学	英语	化学
小明	80	96	66	95
小红	84	85	99	99
小兰	89	68	88	89

姓名	语文	数学	英语	化学
小明	80	96	66	95
小红	84	85	99	99
小兰	89	68	88	89

图 8-74   图 8-75   图 8-76

提 示　　对于横排表中表的上边缘或左边缘，或者对于直排表中表的上边缘或右边缘，不能通过拖曳的方式来插入行或列，这些区域用于选择行或列。

◎ 删除行、列或表

选择"文字"工具 T，在要删除的行、列或表中单击，或选取表中的文本，选择"表 > 删除 > 行、列或表"命令，即可删除行、列或表。

选择"文字"工具 T，在表中任一位置单击插入光标。选择"表 > 表选项 > 表设置"命令，弹出"表选项"对话框，在"表尺寸"选项组中输入新的行数和列数，单击"确定"按钮，可删除行、列和表。行从表的底部被删除，列从表的左侧被删除。

选择"文字"工具 T，将鼠标指针移置表的下边框或右边框上，当光标显示为图标↔或↕时，按住鼠标左键，在向上拖曳或向左拖曳时按住 Alt 键，可分别删除行或列。

3. 设置表的格式

◎ 调整行和列的大小

选择"文字"工具 T，在要调整行或列的任一单元格中单击插入光标，如图 8-77 所示。选择"表 > 单元格选项 > 行和列"命令，弹出"单元格选项"对话框，如图 8-78 所示。在"行高"和"列宽"数值框中输入需要的行高和列宽数值，如图 8-79 所示，单击"确定"按钮，效果如图 8-80 所示。

姓名	语文	数学	英语
小明	80	96	66
小红	84	85	99
小兰	89	68	88

图 8-77

图 8-78

姓名	语文	数学	英语
小明	80	96	66
小红	84	85	99
小兰	89	68	88

图 8-79

图 8-80

选择"文字"工具 T，在行或列的任一单元格中单击插入光标，如图 8-81 所示。选择"窗

口 > 文字和表 > 表"命令,或按 Shift+F9 组合键,弹出"表"面板,如图 8-82 所示,在"行高"和"列宽"数值框中分别输入需要的数值,如图 8-83 所示,按 Enter 键,效果如图 8-84 所示。

| 图 8-81 | 图 8-82 | 图 8-83 | 图 8-84 |

选择"文字"工具 T,将鼠标指针移置列或行的边缘上,当光标变为图标↔或↕时,向左或向右拖曳以增加或减小列宽,向上或向下拖曳以增加或减小行高。

◎ **不改变表宽的情况下调整行高和列宽**

选择"文字"工具 T,将鼠标指针移置要调整列宽的列边缘上,光标变为图标↔,如图 8-85 所示,按住 Shift 键的同时,向右(或向左)拖曳鼠标,如图 8-86 所示,增大(或减小)列宽,效果如图 8-87 所示。

姓名	语文	数学	英语
小明	80	96	66
小红	84 ↔	85	99
小兰	89	68	88

图 8-85

姓名	语文	数学	英语
小明	80	96	66
小红	84	↔85	99
小兰	89	68	88

图 8-86

姓名	语文	数学	英语
小明	80	96	66
小红	84	85	99
小兰	89	68	88

图 8-87

选择"文字"工具 T,将鼠标指针移置要调整行高的行边缘上,用相同的方法上下拖曳鼠标,可在不改变表高的情况下改变行高。

选择"文字"工具 T,将鼠标指针移置表的下边缘,光标变为图标↕,如图 8-88 所示,按住 Shift 键的同时,向下(或向上)拖曳鼠标,如图 8-89 所示,增大(或减小)行高,效果如图 8-90 所示。

姓名	语文	数学	英语
小明	80	96	66
小红	84	85	99
小兰	89	68	88

图 8-88

姓名	语文	数学	英语
小明	80	96	66
小红	84	85 ↕	99
小兰	89	68	88

图 8-89

姓名	语文	数学	英语
小明	80	96	66
小红	84	85	99
小兰	89	68	88

图 8-90

选择"文字"工具 T,将指针放置在表的右边缘,用相同的方法左右拖曳鼠标,可在不改变表宽的情况下按比例改变列宽。

◎ **均匀分布行和列**

选择"文字"工具 T,选取要均匀分布的行,如图 8-91 所示。选择"表 > 均匀分布行"命令,均匀分布选取的单元格所在的行,取消文字的选取状态,效果如图 8-92 所示。

选择"文字"工具 T,选取要均匀分布的列,如图 8-93 所示。选择"表 > 均匀分布列"命令,均匀分布选取的单元格所在的列,取消文字的选取状态,效果如图 8-94 所示。

姓名	语文	数学	英语
小明	80	96	66
小红	84	85	99
小兰	89	68	88

图 8-91

姓名	语文	数学	英语
小明	80	96	66
小红	84	85	99
小兰	89	68	88

图 8-92

姓名	语文	数学	英语
小明	80	96	66
小红	84	85	99
小兰	89	68	88

图 8-93

姓名	语文	数学	英语
小明	80	96	66
小红	84	85	99
小兰	89	68	88

图 8-94

◎ **更改表单元格中文本的对齐方式**

选择"文字"工具 **T**，选取要更改文字对齐方式的单元格，如图 8-95 所示。选择"表 > 单元格选项 > 文本"命令，弹出"单元格选项"对话框，如图 8-96 所示。

姓名	语文	数学	英语
小明	80	96	66
小红	84	85	99
小兰	89	68	88

图 8-95

图 8-96

在"垂直对齐"选项组中分别选取需要的对齐方式，单击"确定"按钮，效果如图 8-97 所示。

姓名	语文	数学	英语
小明	80	96	66
小红	84	85	99
小兰	89	68	88

上对齐（原）

姓名	语文	数学	英语
小明	80	96	66
小红	84	85	99
小兰	89	68	88

居中对齐

姓名	语文	数学	英语
小明	80	96	66
小红	84	85	99
小兰	89	68	88

下对齐

姓名	语文	数学	英语
小明	80	96	66
小红	84	85	99
小兰	89	68	88

撑满

图 8-97

◎ **旋转单元格中的文本**

选择"文字"工具 **T**，选取要旋转文字的单元格，如图 8-98 所示。选择"表 > 单元格选项 > 文本"命令，弹出"单元格选项"对话框，在"文本旋转"选项组中的"旋转"下拉列表中选择需要的旋转角度，如图 8-99 所示。单击"确定"按钮，效果如图 8-100 所示。

图 8-99

姓名	语文	数学	英语
小明	80	96	66
小红	84	85	99
小兰	89	68	88

图 8-98

姓名	语文	数学	英语
小明	80	96	66
小红	84	85	99
小兰	89	68	88

图 8-100

◎ **合并单元格**

选择"文字"工具 [T]，选取要合并的单元格，如图 8-101 所示。选择"表 > 合并单元格"命令，合并选取的单元格，取消选取状态，效果如图 8-102 所示。

成绩单			
姓名	语文	数学	英语
小明	80	96	66
小红	84	85	99
小兰	89	68	88

图 8-101

成绩单			
姓名	语文	数学	英语
小明	80	96	66
小红	84	85	99
小兰	89	68	88

图 8-102

选择"文字"工具 [T]，在合并后的单元格中单击插入光标，如图 8-103 所示。选择"表 > 取消合并单元格"命令，可取消单元格的合并，效果如图 8-104 所示。

成绩单			
姓名	语文	数学	英语
小明	80	96	66
小红	84	85	99
小兰	89	68	88

图 8-103

成绩单			
姓名	语文	数学	英语
小明	80	96	66
小红	84	85	99
小兰	89	68	88

图 8-104

◎ **拆分单元格**

选择"文字"工具 [T]，选取要拆分的单元格，如图 8-105 所示。选择"表 > 水平拆分单元格"命令，水平拆分选取的单元格，取消选取状态，效果如图 8-106 所示。

成绩单			
姓名	语文	数学	英语
小明	80	96	66
小红	84	85	99
小兰	89	68	88

图 8-105

成绩单			
姓名	语文	数学	英语
小明	80	96	66
小红	84	85	99
小兰	89	68	88

图 8-106

选择"文字"工具 [T]，选取要拆分的单元格，如图 8-107 所示。选择"表 > 垂直拆分单元格"命令，垂直拆分选取的单元格，取消选取状态，效果如图 8-108 所示。

成绩单			
姓名	语文	数学	英语
小明	80	96	66
小红	**84**	**85**	**99**
小兰	89	68	88

图 8-107

成绩单			
姓名	语文	数学	英语
小明	80	96	66
小红	84	85	99
小兰	89	68	88

图 8-108

4. 表格描边和填色

◎ 更改表边框的描边和填色

选择"文字"工具 T，在表中单击插入光标，如图 8-109 所示。选择"表 > 表选项 > 表设置"命令，弹出"表选项"对话框，如图 8-110 所示。

成绩单			
姓名	语文	数学	英语
小明	80	96	66
小红	84	85	99
小兰	89	68	88

图 8-109

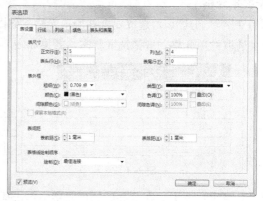

图 8-110

"表外框"选项组：指定表框所需的粗细、类型、颜色、色调和间隙颜色。

"保留本地格式"复选框：勾选此选项，则个别单元格的描边格式不被覆盖。

设置需要的数值，如图 8-111 所示，单击"确定"按钮，效果如图 8-112 所示。

图 8-111

成绩单			
姓名	语文	数学	英语
小明	80	96	66
小红	84	85	99
小兰	89	68	88

图 8-112

◎ 使用描边面板添加描边

选择"文字"工具 T，在表中选取需要的单元格，如图 8-113 所示。选择"窗口 > 描边"命令，或按 F10 键，弹出"描边"面板，在预览区域中取消不需要添加描边的线条，其他选项的设置如图 8-114 所示，按 Enter 键确认。取消单元格的选取状态，效果如图 8-115 所示。

图 8-113　　　　　　　图 8-114　　　　　　　图 8-115

◎ 为单元格添加对角线

选择"文字"工具 T，在要添加对角线的单元格中单击插入光标，如图 8-116 所示。选择"表 > 单元格选项 > 对角线"命令，弹出"单元格选项"对话框，如图 8-117 所示。

图 8-116　　　　　　　图 8-117

设置需要的数值，如图 8-118 所示，单击"确定"按钮，效果如图 8-119 所示。

图 8-118　　　　　　　图 8-119

单击要添加的对角线类型按钮：从左上角到右下角的对角线按钮 ◨ 、从右上角到左下角的对角线按钮 ◩ 和交叉对角线按钮 ⊠ 。

在"线条描边"选项组中指定对角线所需的粗细、类型、颜色和间隙；指定"色调"百分比和"叠印描边"选项。

"绘制"选项：在其下拉列表中选择"对角线置于最前"，将对角线放置在单元格内容的前面；选择"内容置于最前"，将对角线放置在单元格内容的后面。

◎ 为表添加交替描边

选择"文字"工具 T，在表中单击插入光标，如图 8-120 所示。选择"表 > 表选项 > 交替行线"命令，弹出"表选项"对话框，在"交替模式"下拉列表中选择需要的模式类型，激活下方选项，如图 8-121 所示。

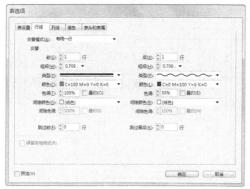

图 8-120　　　　　　　　　　　　　　　　图 8-121

在"交替"选项组中设置第一种模式和后续模式描边或填色选项。

在"跳过前"和"跳过最后"数值框中指定表的开始和结束处不显示描边属性的行数或列数。

设置需要的数值，如图 8-122 所示，单击"确定"按钮，效果如图 8-123 所示。

选择"文字"工具 T，在表中单击插入光标，选择"表 > 表选项 > 交替列线"命令，弹出"表选项"对话框，用与添加交替行线相同的方法设置选项，可以为表添加交替列线。

成绩单			
姓名	语文	数学	英语
小明	80	96	66
小红	84	85	99
小兰	89	68	88

图 8-122　　　　　　　　　　　　　　　　图 8-123

◎ **为表添加交替填充**

选择"文字"工具 T，在表中单击插入光标，如图 8-124 所示。选择"表 > 表选项 > 交替填色"命令，弹出"表选项"对话框，在"交替模式"下拉列表中选择需要的模式类型，激活下方选项。设置需要的数值如图 8-125 所示，单击"确定"按钮，效果如图 8-126 所示。

成绩单			
姓名	语文	数学	英语
小明	89	96	66
小红	84	85	99
小兰	89	68	88

图 8-124　　　　　　　　图 8-125　　　　　　　　图 8-126

8.1.5　【实战演练】制作购物海报

使用置入命令置入素材；使用绘图工具和描边面板绘制装饰图案；使用插入表命令插入表格；使用段落和表面板对表中的文字进行编辑。最终效果参看云盘中的"Ch08 > 效果 > 制作购物海报"，如图 8-127 所示。

图 8-127

8.2　制作房地产广告

8.2.1　【案例分析】

家是每一个人心灵的归宿，每个人都希望住在温馨舒适的环境中。在房地产广告的设计中要体现自然宁静的社区环境和时尚现代的建筑风格。

8.2.2　【设计理念】

在设计思路上，通过远山、湖水和花团表现出社区自然、宁静和温馨的环境氛围。使用书法文字和圆形满月的图片寓意房地产项目扎根中国传统文化的特色。通过建筑图片表现地产楼盘的建筑和居住风格。最终效果参看云盘中的"Ch08 > 效果 > 制作房地产广告"，如图 8-128 所示。

图 8-128

8.2.3　【案例操作】

1. 制作背景

步骤 1　选择"文件 > 新建 > 文档"命令，弹出"新建文档"对话框，设置如图 8-129 所示。单击"边距和分栏"按钮，弹出"新建边距和分栏"对话框，设置如图 8-130 所示。单击"确定"按钮，新建一个页面。选择"视图 > 其他 > 隐藏框架边缘"命令，将所绘制图形的框架边缘隐藏。

步骤 2　选择"窗口 > 图层"命令，弹出"图层"面板，双击"图层 1"，弹出"图层选项"对话框，选项的设置如图 8-131 所示。单击"确定"按钮，"图层"面板显示如图 8-132 所示。

步骤 3　选择"文件 > 置入"命令，弹出"置入"对话框，选择云盘中的"Ch08 > 素材 > 制作房地产广告 > 01"文件，单击"打开"按钮，在页面空白处单击鼠标左键置入图片。选择"自由变换"工具，将图片拖曳到适当的位置并调整其大小，效果如图 8-133 所示。

图 8-129

图 8-130

图 8-131　　　　　　　　　　图 8-132　　　　　　　　图 8-133

步骤 4 选择"矩形"工具 ，在页面中绘制矩形，如图 8-134 所示。选择"选择"工具 ，
选取图片，按 Ctrl+X 组合键，剪切图片，选取矩形，选择"编辑 > 贴入内部"命令，将图
片贴入矩形的内部，效果如图 8-135 所示。

步骤 5 选择"矩形"工具 ，在适当的位置绘制矩形，如图 8-136 所示。设置图形填充色的
CMYK 值为 100、80、0、0，填充图形，并设置描边色为无，效果如图 8-137 所示。

图 8-134　　　　　　图 8-135　　　　　　　图 8-136　　　　　　图 8-137

步骤 6 单击"图层"面板右上方的图标 ，在弹出的菜单中选择"新建图层"命令，弹出"新
建图层"对话框，设置如图 8-138 所示。单击"确定"按钮，新建"LOGO"图层，如图 8-139
所示。

步骤 7 选择"文件 > 置入"命令，弹出"置入"对话框，选择云盘中的"Ch08 > 素材 > 制
作房地产广告 > 02"文件，单击"打开"按钮，在页面空白处单击鼠标左键置入图片。选
择"自由变换"工具 ，将图片拖曳到适当的位置并调整其大小，效果如图 8-140 所示。

图 8-138　　　　　　　　　　图 8-139　　　　　　　　图 8-140

2. 添加宣传语和信息栏

步骤 1 单击"图层"面板右上方的图标 ，在弹出的菜单中选择"新建图层"
命令，弹出"新建图层"对话框，设置如图 8-141 所示。单击"确定"按钮，
新建"文案"图层，如图 8-142 所示。

图 8-141

图 8-142

步骤 **2** 选择"文字"工具 **T** ，在页面中拖曳一个文本框，输入需要的文字，将输入的文字选取，在"控制"面板中选择合适的字体并设置文字大小，如图 8-143 所示。设置文字填充色的 CMYK 值为 100、80、0、0，填充文字，效果如图 8-144 所示。

步骤 **3** 选择"文字"工具 **T** ，在页面中拖曳一个文本框，输入需要的文字，将输入的文字选取，在"控制"面板中选择合适的字体并设置文字大小，填充文字为白色，如图 8-145 所示。

图 8-143

图 8-144

图 8-145

步骤 **4** 在"图层"面板中选取需要的图层，如图 8-146 所示。选择"矩形"工具 ，绘制矩形，如图 8-147 所示。设置图形填充色的 CMYK 值为 100、80、0、0，填充图形，并设置描边色为无，效果如图 8-148 所示。

图 8-146

图 8-147

图 8-148

步骤 **5** 在"图层"面板中选取需要的图层，如图 8-149 所示。选择"文字"工具 **T** ，在页面中拖曳一个文本框，输入需要的文字，将输入的文字选取，在"控制"面板中选择合适的字体并设置文字大小，效果如图 8-150 所示。

图 8-149

图 8-150

步骤 6 在"控制"面板中将"行距" 选项设为14，按 Enter 键，效果如图 8-151 所示。选择"文字"工具 T，在页面中拖曳一个文本框，输入需要的文字，将输入的文字选取，在"控制"面板中选择合适的字体并设置文字大小。设置文字填充色的 CMYK 值为 100、80、0、0，填充文字，效果如图 8-152 所示。

图 8-151　　　　　　　　　　　　图 8-152

步骤 7 选择"文字"工具 T，在适当的位置单击插入光标，如图 8-153 所示。选择"文字 > 字形"命令，弹出"字形"面板，在面板下方设置需要的字体和字体样式，选取需要的字符，如图 8-154 所示。

西新华社区全市最低价

图 8-153　　　　　　　　　　　　图 8-154

步骤 8 双击字符图标在文本框中插入字形，效果如图 8-155 所示。用相同的方法插入其他字形，效果如图 8-156 所示。

图 8-155　　　　　　　　　　　　图 8-156

步骤 9 单击"图层"面板右上方的图标，在弹出的菜单中选择"新建图层"命令，弹出"新建图层"对话框，设置如图 8-157 所示。单击"确定"按钮，新建"信息栏"图层，如图 8-158 所示。

图 8-157　　　　　　　　　　　　图 8-158

步骤 10 选择"文件 > 置入"命令，弹出"置入"对话框，选择云盘中的"Ch08 > 素材 > 制作房地产广告 > 03"文件，单击"打开"按钮，在页面空白处单击鼠标左键置入图片。选择"自由变换"工具，将图片拖曳到合适的位置并调整其大小，效果如图 8-159 所示。

步骤 11 选择"文字"工具 T，拖曳一个文本框，输入需要的文字，将输入的文字选取，在"控制"面板中选择合适的字体并设置文字大小，填充文字为白色，效果如图 8-160 所示。用相同的方法分别置入图片并输入其他文字及字形，效果如图 8-161 所示。房地产广告制作完成。

图 8-159

图 8-160

图 8-161

8.2.4　【相关知识】

1. 创建图层并指定图层选项

选择"窗口 > 图层"命令,弹出"图层"面板,如图 8-162 所示。单击面板右上方的图标 ▼☰,在弹出的菜单中选择"新建图层"命令,如图 8-163 所示,弹出"新建图层"对话框,如图 8-164 所示,设置需要的选项,单击"确定"按钮,"图层"面板显示如图 8-165 所示。

图 8-162

图 8-163

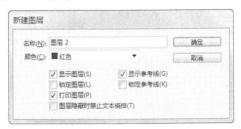

图 8-164

图 8-165

在"新建图层"对话框中,各选项的功能如下。

"名称"选项:输入图层的名称。

"颜色"选项:指定颜色以标识该图层上的对象。

"显示图层"选项:使图层可见并可打印。与在"图层"面板中使眼睛图标 👁 可见的效果相同。

"显示参考线"选项:使图层上的参考线可见。如果未选此选项,即选择"视图 > 网格和参考线 > 显示参考线"命令,参考线不可见。

"锁定图层"选项:可以防止对图层上的任何对象进行更改。与在"图层"面板中使交叉铅笔图标可见的效果相同。

"锁定参考线"选项:可以防止对图层上的所有标尺参考线进行更改。

"打印图层"选项:可允许图层被打印。当打印或导出至 PDF 时,可以决定是否打印隐藏图层和非打印图层。

"图层隐藏时禁止文本绕排"选项:在图层处于隐藏状态并且该图层包含应用了文本绕排的文本时,若选择此选项,可使其他图层上的文本正常排列。

在"图层"面板中单击"创建新图层"按钮 🔲 ,可以创建新图层。双击该图层,弹出"图层选项"对话框,设置需要的选项,单击"确定"按钮,可编辑图层。

2. 在图层上添加对象

在"图层"面板中选取要添加对象的图层，使用置入命令可以在选取的图层上添加对象。直接在页面中绘制需要的图形，也可添加对象。

在隐藏或锁定的图层上，无法绘制或置入新对象。

◎ 选择图层上的对象

选择"选择"工具，可选取任意图层上的图形对象。

按住 Alt 键的同时，单击"图层"面板中的图层，可选取当前图层上的所有对象。

◎ 移动图层上的对象

选择"选择"工具，选取要移动的对象，如图 8-166 所示。在"图层"面板中拖曳图层列表右侧的彩色点到目标图层，如图 8-167 所示，将选定对象移动到另一个图层。当再次选取对象时，选取状态如图 8-168 所示，"图层"面板显示如图 8-169 所示。

图 8-166　　　　　　图 8-167　　　　　　图 8-168　　　　　　图 8-169

选择"选择"工具，选取要移动的对象，如图 8-170 所示。按 Ctrl+X 组合键，剪切图形，在"图层"面板中选取要移动到的目标图层，如图 8-171 所示，按 Ctrl+V 组合键，粘贴图形，效果如图 8-172 所示。

图 8-170　　　　　　图 8-171　　　　　　图 8-172

◎ 复制图层上的对象

选择"选择"工具，选取要复制的对象，如图 8-173 所示。按住 Alt 键的同时，在"图层"面板中拖曳图层列表右侧的彩色点到目标图层，如图 8-174 所示，将选定对象复制到另一个图层，微移复制的图形，效果如图 8-175 所示。

图 8-173　　　　　　图 8-174　　　　　　图 8-175

提 示　按住 Ctrl 键的同时，拖曳图层列表右侧的彩色点，可将选定对象移动到隐藏或锁定的图层；按住 Ctrl+Alt 组合键的同时，拖曳图层列表右侧的彩色点，可将选定对象复制到隐藏或锁定的图层。

3. 更改图层的顺序

在"图层"面板中选取要调整的图层，如图 8-176 所示。按住鼠标左键拖曳图层到需要的位置，如图 8-177 所示，松开鼠标左键，效果如图 8-178 所示。

图 8-176　　　　　　　　　图 8-177　　　　　　　　　图 8-178

用户也可同时选取多个图层，调整图层的顺序。

4. 显示或隐藏图层

在"图层"面板中选取要隐藏的图层，如图 8-179 所示，原效果如图 8-180 所示。单击图层列表左侧的眼睛图标 ◉ 隐藏该图层，"图层"面板显示如图 8-181 所示，效果如图 8-182 所示。

图 8-179　　　　　　　图 8-180　　　　　　　图 8-181　　　　　　　图 8-182

在"图层"面板中选取要显示的图层，如图 8-183 所示，原效果如图 8-184 所示。单击面板右上方的图标 ◥▤，在弹出的菜单中选择"隐藏其他"命令，可隐藏除选取图层外的所有图层。"图层"面板显示如图 8-185 所示，效果如图 8-186 所示。

图 8-183　　　　　　　图 8-184　　　　　　　图 8-185　　　　　　　图 8-186

在"图层"面板中单击右上方的图标 ◥▤，在弹出的菜单中选择"显示全部"命令，可显示所有图层。隐藏的图层不能编辑，且不会显示在屏幕上，打印时也不显示。

5. 锁定或解锁图层

在"图层"面板中选取要锁定的图层，如图 8-187 所示。单击图层列表左侧的空白方格，如图 8-188 所示，显示锁定图标 🔒 锁定图层，"图层"面板显示如图 8-189 所示。

| 图 8-187 | 图 8-188 | 图 8-189 |

在"图层"面板中选取不需要锁定的图层，如图 8-190 所示。单击"图层"面板右上方的图标 ▼☰，在弹出的菜单中选择"锁定其他"命令，如图 8-191 所示，可锁定除选取图层外的所有图层，"图层"面板显示如图 8-192 所示。

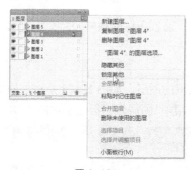

| 图 8-190 | 图 8-191 | 图 8-192 |

在"图层"面板中单击右上方的图标 ▼☰，在弹出的菜单中选择"解锁全部图层"命令，可解除所有图层的锁定。

6. 删除图层

在"图层"面板中选取要删除的图层，如图 8-193 所示，原效果如图 8-194 所示。单击面板下方的"删除选定图层"按钮 🗑，删除选取的图层，"图层"面板显示如图 8-195 所示，效果如图 8-196 所示。

| 图 8-193 | 图 8-194 | 图 8-195 | 图 8-196 |

在"图层"面板中选取要删除的图层，单击面板右上方的图标 ▼☰，在弹出的菜单中选择"删除图层'图层名称'"命令，可删除选取的图层。

按住 Ctrl 键的同时，在"图层"面板中单击选取多个要删除的图层，然后单击面板中的"删除选定图层"按钮 🗑 或使用面板菜单中的"删除图层'图层名称'"命令，可删除多个图层。

> **提　示**　要删除所有空图层，可单击"图层"面板右上方的图标 ▼≣，在弹出的菜单中选择"删除未使用的图层"命令。

8.2.5　【实战演练】制作葡萄酒折页

使用置入命令和不透明度命令制作背景图案；使用文字工具、置入命令制作宣传性文字；使用投影命令制作图片的投影效果；使用钢笔工具和描边面板制作云图形；使用文字工具、矩形工具制作装饰文字。最终效果参看云盘中的"Ch08 > 效果 > 制作葡萄酒折页"，如图 8-197 所示。

图 8-197

8.3　综合案例——制作户外广告

8.3.1　【案例分析】

户外健身运动，是一项在自然场地举行的一组集体项目群。其中包括登山、攀岩、悬崖速降和探险等项目，既可以锻炼身体又可以拥抱自然，挑战自我。设计要求画面简洁干净，引人注目。

8.3.2　【设计理念】

在设计思路上，以真实的图片给人带来视觉上的冲击，让受众产生身临其境的感觉。加以文字说明，体现主题。

8.3.3　【要点提示】

使用置入命令置入素材图片；使用文字工具、不透明度命令制作半透明文字；使用文字工具、矩形工具添加宣传性文字；使用多边形工具、旋转命令制作标志图形。最终效果参看云盘中的"Ch08 > 效果 > 制作户外广告"，如图 8-198 所示。

图 8-198

第**9**章 页面编排

本章介绍在 InDesign CS6 中编排页面的方法。讲解页面、跨页和主页的概念，以及页码、章节页码的设置和页面面板的使用方法。通过本章的学习，读者可以快捷地编排页面，减少不必要的重复工作，使排版工作变得更加高效。

课堂学习目标

- 熟悉版面布局的设置方法
- 掌握主页的使用方法
- 掌握页面和跨页的设计技巧

9.1 制作都市新娘杂志封面

9.1.1 【案例分析】

本案例是为时尚杂志设计的杂志封面，封面要强调品牌的文化和韵味，体现出品牌的设计风格和时尚气息。

9.1.2 【设计理念】

在设计思路上，以模特充满整个封面空间，用大号彩色字体突现杂志的名称。封面其余的空间，以不同大小的标题填充。让读者以最快的速度和最快捷的方式了解本期杂志的主要内容，整个设计温馨典雅、时尚高贵。最终效果参看云盘中的"Ch09 > 效果 > 制作都市新娘杂志封面"，如图 9-1 所示。

图 9-1

9.1.3 【案例操作】

1. 添加杂志名称和刊期

扫码观看
本案例视频01

步骤 **1** 选择"文件 > 新建 > 文档"命令，弹出"新建文档"对话框，设置如图 9-2 所示。单击"边距和分栏"按钮，弹出"新建边距和分栏"对话框，设置如图 9-3 所示，单击"确定"按钮，新建一个页面。选择"视图 > 其他 > 隐藏框架边缘"

命令，将所绘制图形的框架边缘隐藏。

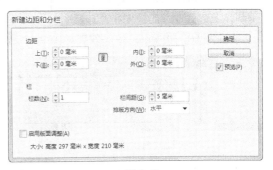

图 9-2　　　　　　　　　　　　　　　　　　　图 9-3

**步骤 ② ** 选择"版面 > 页码和章节选项"命令，弹出"页码和章节选项"对话框，选项的设置如图 9-4 所示，单击"确定"按钮，效果如图 9-5 所示。

图 9-4　　　　　　　　　　　　　　　　　　　图 9-5

**步骤 ③ ** 选择"文件 > 置入"命令，弹出"置入"对话框，选择云盘中的"Ch09 > 素材 > 制作都市新娘杂志封面 > 01"文件，单击"打开"按钮，在页面空白处单击鼠标左键置入图片。选择"自由变换"工具，将图片拖曳到适当的位置并调整其大小，效果如图 9-6 所示。

**步骤 ④ ** 选择"文字"工具，在页面中拖曳一个文本框，输入需要的文字。将输入的文字选取，在"控制"面板中选择合适的字体并设置文字大小，效果如图 9-7 所示。在"控制"面板中将"行距"选项设为 73，"字符间距"选项设为 -40，按 Enter 键，效果如图 9-8 所示。设置文字填充色的 CMYK 值为 0、65、40、0，填充文字，效果如图 9-9 所示。

图 9-6　　　　　　　　图 9-7　　　　　　　　图 9-8　　　　　　　　图 9-9

**步骤 ⑤ ** 选择"文字"工具，在页面中拖曳一个文本框，输入需要的文字。将输入的文字选取，在"控制"面板中选择合适的字体并设置文字大小，填充文字为白色，效果如图 9-10 所示，在"控制"面板中将"垂直缩放" IT ⬚ 100% ▾ 选项设为180%，"字符间距" ⬚ ⬚ 0 ▾ 选项设为-50，按 Enter 键，效果如图 9-11 所示。

图 9-10

图 9-11

步骤 6 选择"文字"工具 T，在适当的位置拖曳一个文本框，输入需要的文字。将输入的文字选取，在"控制"面板中选择合适的字体并设置文字大小，填充文字为白色，效果如图 9-12 所示。单击"控制"面板中的"右对齐"按钮 ☰，将文字右对齐，效果如图 9-13 所示。

步骤 7 选择"文字"工具 T，选取文字"2017 春季"，在"控制"面板中选择合适的字体并设置文字大小，效果如图 9-14 所示。选取文字"结婚订购 专业领导"，设置文字填充色的 CMYK 值为 0、65、40、0，填充文字，效果如图 9-15 所示。

图 9-12

图 9-13

图 9-14

图 9-15

2. 添加栏目名称

步骤 1 选择"文字"工具 T，在页面中分别拖曳文本框，输入需要的文字，将输入的文字选取，在"控制"面板中分别选择合适的字体并设置文字大小，填充文字为白色，效果如图 9-16 所示。选取需要的文字，设置文字填充色的 CMYK 值为 0、65、40、0，填充文字，效果如图 9-17 所示。

扫码观看
本案例视频02

图 9-16

图 9-17

步骤 2 选择"钢笔"工具 ✎，按住 Shift 键的同时，在页面中绘制折线，如图 9-18 所示。填充描边为白色，并在"控制"中面板将"描边粗细" ⬚ 0.283 点 ▾ 选项设为 0.6 点，按 Enter 键，效果如图 9-19 所示。

步骤 3 选择"选择"工具 ▸，按 Ctrl+C 组合键，复制图形，选择"编辑 > 原位粘贴"命令，原位粘贴图形。在"控制"面板中单击"水平翻转"按钮 ⬚，水平翻转图形，再单击"垂直翻转"按钮 ⬚，垂直翻转图形，并将其拖曳到适当的位置，效果如图 9-20 所示。

图 9-18　　　　图 9-19　　　　图 9-20

步骤 4 选择"文字"工具 T，在页面中分别拖曳文本框，输入需要的文字，将输入的文字选取，在"控制"面板中分别选择合适的字体并设置文字大小，效果如图 9-21 所示。

步骤 5 选取需要的文字，如图 9-22 所示，在"控制"面板中将"字符间距" AV 0 选项设为-100，按 Enter 键，效果如图 9-23 所示。设置文字填充色的 CMYK 值为 0、65、40、0，填充文字，效果如图 9-24 所示。

图 9-21　　　　　　　　　　　　　图 9-22

图 9-23　　　　　　　　　　　　　图 9-24

步骤 6 选择"文字"工具 T，选取需要的文字，在"控制"面板中将"字符间距" AV 0 选项设为-80，按 Enter 键，效果如图 9-25 所示。选取需要的文字，设置文字填充色的 CMYK 值为 0、65、40、0，填充文字，效果如图 9-26 所示。

图 9-25　　　　　　　　　　　　　图 9-26

3. 添加杂志封底

步骤 1 选择"文件 > 置入"命令，弹出"置入"对话框，选择云盘中的"Ch09 > 素材 > 制作都市新娘杂志封面 > 02、03"文件，单击"打开"按钮，在页面空白处分别单击鼠标左键置入图片。选择"自由变换"工具，分别将图片拖曳到适当的位置，并调整其大小，效果如图 9-27 所示。

扫码观看
本案例视频03

步骤 2 选择"矩形"工具，在页面中绘制一个矩形，如图 9-28 所示。设置填充色的 CMYK 值为 0、100、82、40，填充图形，并设置描边色为无，效果如图 9-29 所示。

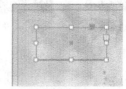

图 9-27　　　　　　　　　图 9-28　　　　　　　　　图 9-29

步骤 ③　选择"文字"工具 T ，在页面中分别拖曳文本框，输入需要的文字，将输入的文字选取，在"控制"面板中分别选择合适的字体并设置文字大小，填充文字为白色，效果如图 9-30 所示。选取上方的文字，在"控制"面板中将"字符间距" ＡＶ ０ ▼ 选项设为 140，按 Enter 键，效果如图 9-31 所示。

步骤 ④　选择"文字"工具 T ，在页面中分别拖曳文本框，输入需要的文字，将输入的文字选取，在"控制"面板中分别选择合适的字体并设置文字大小，效果如图 9-32 所示。选取上方的文字，设置文字填充色的 CMYK 值为 0、100、82、40，填充文字，效果如图 9-33 所示。

图 9-30　　　　　　　图 9-31　　　　　　　图 9-32　　　　　　　图 9-33

步骤 ⑤　选择"文字"工具 T ，选取下方的文字，单击"控制"面板中的"居中对齐"按钮 ，将文字居中对齐，效果如图 9-34 所示。都市新娘杂志封面制作完成，效果如图 9-35 所示。

图 9-34　　　　　　　　　　　　　　　　图 9-35

9.1.4　【相关知识】

1.　设置基本布局

在 InDesign CS6 中，建立新文档，设置页面、版心和分栏，指定出血和辅助信息区等为基本版面布局。

◎　**文档窗口一览**

在文档窗口中，新建一个页面，如图 9-36 所示。

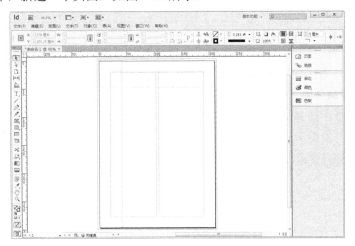

图 9-36

页面的结构性区域由以下的颜色标出。

黑线标明了跨页中每个页面的尺寸。细的阴影有助于从粘贴板中区分出跨页。

围绕页面外的红色线代表出血区域。

围绕页面外的蓝色线代表辅助信息区域。

品红色的线是边空线（或称版心线）。

紫色线是分栏线。

其他颜色的线条是辅助线。当辅助线出现时，在被选取的情况下，辅助线的颜色显示为所在图层的颜色。

 提　示　分栏线出现在版心线的前面。当分栏线正好在版心线之上时，会遮住版心线。

选择"编辑 > 首选项 > 参考线和粘贴板"命令，弹出"首选项"对话框，如图 9-37 所示。

图 9-37

在对话框中可以设置页边距和分栏参考线的颜色，以及粘贴板上出血和辅助信息区域参考线的颜色。还可以就对象需要距离参考线多近才能靠齐参考线、参考线显示在对象之前还是之后以及粘贴板的大小进行设置。

◎ **更改文档设置**

选择"文件 > 文档设置"命令，弹出"文档设置"对话框，单击"更多选项"按钮，如图9-38所示。指定文档选项，单击"确定"按钮即可更改文档设置。

◎ **更改页边距和分栏**

在"页面"面板中选择要修改的跨页或页面，选择"版面 > 边距和分栏"命令，弹出"边距和分栏"对话框，如图9-39所示。

图9-38

图9-39

"边距"选项组：指定边距参考线到页面的各个边缘之间的距离。

"栏"选项组：在"栏数"数值框中输入要在边距参考线内创建的分栏的数目；在"栏间距"数值框中输入栏间的宽度值。

"排版方向"选项：在下拉列表中可选择"水平"或"垂直"选项来指定栏的方向。

◎ **创建不相等栏宽**

在"页面"面板中选择要修改的跨页或页面，如图9-40所示。选择"视图 > 网格和参考线 > 锁定栏参考线"命令，解除栏参考线的锁定。选择"选择"工具 🔧，选取需要的栏参考线，按住鼠标左键将其拖曳到适当的位置，如图9-41所示，松开鼠标左键后效果如图9-42所示。

图9-40

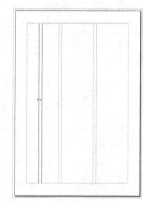

图9-41

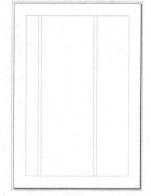

图9-42

2. 版面精确布局

在 InDesign CS6 中，标尺、网格和参考线可以给出对象的精确位置，为精确版面布局。

◎ **标尺和度量单位**

可以为水平标尺和垂直标尺设置不同的度量系统。为水平标尺选择的度量系统将控制制表符、边距、缩进和其他度量。标尺的默认度量单位是毫米，如图 9-43 所示。

可以为屏幕上的标尺及面板和对话框设置度量单位。选择"编辑 > 首选项 > 单位和增量"命令，弹出"首选项"对话框，如图 9-44 所示，设置需要的度量单位，单击"确定"按钮即可。

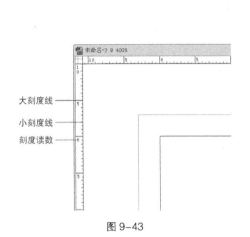

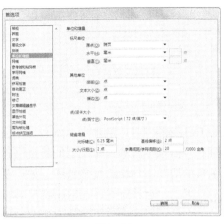

图 9-43　　　　　　　　　　　　　　　　图 9-44

在标尺上单击鼠标右键，在弹出的快捷菜单中选择单位来更改标尺单位。在水平标尺和垂直标尺的交叉点单击鼠标右键，可以为两个标尺更改标尺单位。

◎ **网格**

选择"视图 > 网格和参考线 > 显示/隐藏文档网格"命令，可显示或隐藏文档网格。

选择"编辑 > 首选项 > 网格"命令，弹出"首选项"对话框，如图 9-45 所示，设置需要的网格选项，单击"确定"按钮即可。

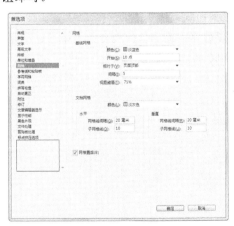

图 9-45

选择"视图 > 网格和参考线 > 靠齐文档网格"命令，将对象拖向网格，对象的一角将与网格 4 个角点中的一个靠齐，可靠齐文档网格中的对象。按住 Ctrl 键的同时，可以靠齐网格网眼的 9 个特殊位置。

◎ **标尺参考线**

将鼠标指针定位到水平（或垂直）标尺上，如图 9-46 所示。单击鼠标左键并按住不放拖曳到目标跨页上需要的位置，松开鼠标左键，创建标尺参考线，如图 9-47 所示。如果将参考线拖曳到粘贴板上，它将跨越该粘贴板和跨页，如图 9-48 所示；如果将参考线拖曳到页面上，将变为页面参考线。

图 9-46   图 9-47   图 9-48

按住 Ctrl 键的同时，从水平（或垂直）标尺拖曳到目标跨页，可以在粘贴板不可见时创建跨页参考线。双击水平或垂直标尺上的特定位置，可在不拖曳的情况下创建跨页参考线。如果要将参考线与最近的刻度线对齐，在双击标尺时按住 Shift 键。

选择"版面 > 创建参考线"命令，弹出"创建参考线"对话框，如图 9-49 所示。

"行数"和"栏数"选项：指定要创建的行或栏的数目。

图 9-49

"行间距"和"栏间距"选项：指定行或栏的间距。

创建的栏在置入文本文件时不能控制文本排列。

在"参考线适合"选项中，单击"边距"单选项在页边距内的版心区域创建参考线；单击"页面"单选项在页面边缘内创建参考线。

"移去现有标尺参考线"复选框：删除任何现有参考线（包括锁定或隐藏图层上的参考线）。

设置需要的选项，如图 9-50 所示，单击"确定"按钮，效果如图 9-51 所示。

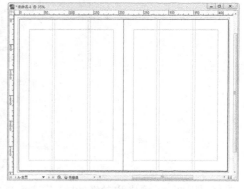

图 9-50   图 9-51

选择"视图 > 网格和参考线 > 显示/隐藏参考线"命令，可显示或隐藏所有边距、栏和标尺的参考线。选择"视图 > 网格和参考线 > 锁定参考线"命令，可锁定参考线。

按 Ctrl+Alt+G 组合键，选择目标跨页上的所有标尺参考线，或选择一个或多个标尺参考线，按 Delete 键，删除参考线。也可以拖曳标尺参考线到标尺上，将其删除。

9.1.5　【实战演练】制作时尚妆容杂志封面

使用置入命令置入素材图片；使用文字工具、矩形工具和路径查找器面板制作杂志名称；使用文字工具和填充面板添加其他相关信息；使用矩形工具、椭圆工具和直线工具绘制搜索栏。最终效果参看云盘中的"Ch09 > 效果 > 制作时尚妆容杂志封面"，如图 9-52 所示。

图 9-52

9.2 ／ 制作都市新娘杂志内页

9.2.1　【案例分析】

本案例是为新娘杂志设计的杂志内页，内页要强调品牌的文化和韵味，体现出品牌的设计风格和时尚气息。

9.2.2　【设计理念】

在设计思路上，以婚纱及配饰为主，用大号彩色字体突现杂志的标题。内页其余的空间，以不同大小的标题及内文填充。让读者详细的了解本期杂志的主要内容，整个设计温馨典雅、时尚高贵。最终效果参看云盘中的"Ch09 > 效果 > 制作都市新娘杂志内页"，如图 9-53 所示。

图 9-53

9.2.3　【案例操作】

1. 制作主页内容

步骤 1 选择"文件 > 新建 > 文档"命令，弹出"新建文档"对话框，设置如图 9-54 所示。单击"边距和分栏"按钮，弹出"新建边距和分栏"对话框，设置如图 9-55 所示，单击"确定"按钮，新建一个页面。选择"视图 > 其他 > 隐藏框架边缘"命令，将所绘制图形的框架边缘隐藏

中等职业教育数字艺术类规划教材

图 9-54

图 9-55

步骤 ☐2 选择"窗口 > 页面"命令，弹出"页面"面板，按住 Shift 键的同时，单击所有页面的图标，将其全部选取，如图 9-56 所示。单击面板右上方的 ▾≡ 图标，在弹出的菜单中取消选择"允许选定的跨页随机排布"命令，如图 9-57 所示。

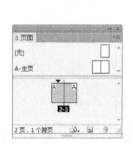

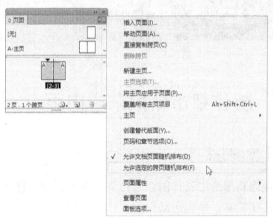

图 9-56

图 9-57

步骤 ☐3 双击第二页的页面图标，如图 9-58 所示。选择"版面 > 页码和章节选项"命令，弹出"页码和章节选项"对话框，设置如图 9-59 所示，单击"确定"按钮，页面面板显示如图 9-60 所示。

图 9-58

图 9-59

图 9-60

步骤 ☐4 在"状态栏"中单击"文档所属页面"选项右侧的按钮 ▾ ，在弹出的页码中选择"A-主页"，页面效果如图 9-61 所示。

步骤 5　选择"文字"工具 T，在页面中左下角拖曳一个文本框。选择"文字 > 插入特殊字符 > 标识符 > 当前页码"命令，在文本框中添加自动页码，如图 9-62 所示。

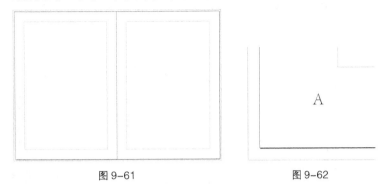

图 9-61　　　　　　　　　　　图 9-62

步骤 6　选择"直线"工具 ╱，按住 Shift 键的同时，在页面左下角拖曳鼠标绘制竖线。效果如图 9-63 所示。用相同方法在跨页上添加自动页码并绘制竖线，效果如图 9-64 所示。

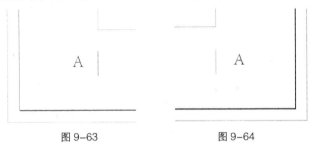

图 9-63　　　　　　　　　　　图 9-64

2. 制作内页 1

步骤 1　在"状态栏"中单击"文档所属页面"选项右侧的按钮 ▼，在弹出的页码中选择"1"。选择"文件 > 置入"命令，弹出"置入"对话框，选择云盘中的"Ch09 > 素材 > 制作都市新娘杂志内页 > 01"文件，单击"打开"按钮，在页面空白处单击鼠标左键置入图片。选择"自由变换"工具 ▦，将图片拖曳到适当的位置并调整其大小，效果如图 9-65 所示。

扫码观看
本案例视频02

步骤 2　选择"选择"工具 ▶，选取图片，按住 Alt 的同时，向下拖曳到适当的位置，复制图片。选择"自由变换"工具 ▦，将图片拖曳到适当的位置调整其大小和方向，效果如图 9-66 所示。保持图片的选取状态，在"控制"面板中将"不透明度" □ 100% 选项设为 60%，按 Enter 键确认，效果如图 9-67 所示。

图 9-65　　　　　　　图 9-66　　　　　　　图 9-67

步骤 3 选择"矩形"工具 ■，在页面中绘制一个矩形，设置图形填充色的 CMYK 值为 0、70、20、0，填充图形，并设置描边色为无，效果如图 9-68 所示。选择"对象 > 角选项"命令，弹出"角选项"对话框，选项的设置如图 9-69 所示，单击"确定"按钮，效果如图 9-70 所示。

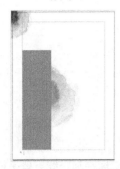

图 9-68　　　　　　　　　　　图 9-69　　　　　　　　　　　图 9-70

步骤 4 选择"文件 > 置入"命令，弹出"置入"对话框，选择云盘中的"Ch09 > 素材 > 制作都市新娘杂志内页 > 02"文件，单击"打开"按钮，在页面空白处单击鼠标左键置入图片。选择"自由变换"工具 ▦，将图片拖曳到适当的位置并调整其大小，效果如图 9-71 所示。

步骤 5 双击打开云盘中的"Ch09 > 素材 > 制作都市新娘杂志内页 > 记事本"文件，分别选取文档中需要的文字，单击鼠标右键，复制文字，如图 9-72 所示。返回到 InDesign 页面中，选择"文字"工具 T，在适当的位置分别拖曳文本框，按 Ctrl+V 组合键，将复制的文字分别粘贴到文本框中，将输入的文字选取，在"控制"面板中分别选择合适的字体并设置文字大小，效果如图 9-73 所示。

图 9-71　　　　　　　　　　　图 9-72　　　　　　　　　　　图 9-73

步骤 6 选择"文字"工具 T，选取需要的文字，如图 9-74 所示。设置文字填充色的 CMYK 值为 0、70、20、0，填充文字，效果如图 9-75 所示。

图 9-74　　　　　　　　　　　图 9-75

步骤 7 选择"文字"工具 T ，选取需要的文字，填充文字为白色，如图 9-76 所示。保持文字的选取状态，在"控制"面板中将"行距" 选项设为 14，按 Enter 键，效果如图 9-77 所示。

图 9-76　　　　　　　　　　图 9-77

步骤 8 选择"文字"工具 T ，在页面中拖曳一个文本框，输入需要的文字，将输入的文字选取，在"控制"面板中选择合适的字体并设置文字大小，效果如图 9-78 所示。

步骤 9 选择"选择"工具 ，在"控制"面板中将"X 切变角度" 选项设为 10。按 Enter 键，倾斜文字。设置文字填充色的 CMYK 值为 0、70、20、0，填充文字，效果如图 9-79 所示。

图 9-78　　　　　　　　　　图 9-79

步骤 10 选择"文件 > 置入"命令，弹出"置入"对话框，选择云盘中的"Ch09 > 素材 > 制作都市新娘杂志内页 > 03"文件，单击"打开"按钮，在页面空白处单击鼠标左键置入图片。选择"自由变换"工具 ，将图片拖曳到适当的位置并调整其大小，效果如图 9-80 所示。用相同的方法置入其他图片并制作如图 9-81 所示的效果。

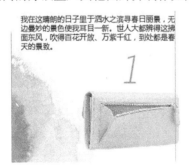

图 9-80　　　　　　　　　　图 9-81

步骤 11 选择"文件 > 置入"命令，弹出"置入"对话框，选择云盘中的"Ch09 > 素材 > 制作都市新娘杂志内页 > 07"文件，单击"打开"按钮，在页面空白处单击鼠标左键置入图片。选择"自由变换"工具 ，将图片拖曳到适当的位置并调整其大小，效果如图 9-82 所示。连续按 Ctrl+ [组合键，将图形后移至适当的位置，效果如图 9-83 所示。

图 9-82　　　　　　　　　　　图 9-83

步骤 12 　选择"矩形"工具 ▢ ，在页面中绘制一个矩形，填充图形为白色，并设置描边色为无，效果如图 9-84 所示。

步骤 13 　选择"文件 > 置入"命令，弹出"置入"对话框，选择云盘中的"Ch09 > 素材 > 制作都市新娘杂志内页 > 08"文件，单击"打开"按钮，在页面空白处单击鼠标左键置入图片。选择"自由变换"工具 ，将图片拖曳到适当的位置并调整其大小，效果如图 9-85 所示。

图 9-84　　　　　　　　　　　图 9-85

步骤 14 　选择"选择"工具 ，按住 Shift 键的同时，选取需要的图形，按 Ctrl+G 组合键，将其编组，效果如图 9-86 所示。单击"控制"面板中的"向选定的目标添加对象效果"按钮 fx. ，在弹出的菜单中选择"投影"命令，在弹出的"效果"对话框中进行设置，如图 9-87 所示，单击"确定"按钮，效果如图 9-88 所示。

图 9-86　　　　　　　　　　图 9-87　　　　　　　　　　图 9-88

步骤 15 　保持图形的选取状态，连续按 Ctrl+ [组合键，将图形后移至适当的位置，效果如图 9-89 所示。在"控制"面板中将"旋转" 0° 选项设为 12°，按 Enter 键，效果如图 9-90 所示。

中等职业教育数字艺术类规划教材

| 图 9-89 | 图 9-90 |

3. 制作内页 2

步骤 1 选择"文件 > 置入"命令，弹出"置入"对话框，选择云盘中的"Ch09 > 素材 > 制作都市新娘杂志内页 > 09"文件，单击"打开"按钮，在页面空白处单击鼠标左键置入图片。选择"自由变换"工具 ，将图片拖曳到适当的位置并调整其大小，效果如图 9-91 所示。

步骤 2 选择"文字"工具 T，在页面中拖曳一个文本框，输入需要的文字，选取输入的文字，在"控制"面板中选择合适的字体并设置文字大小，效果如图 9-92 所示。

步骤 3 保持文字选取状态。在"控制"面板中将"X 切变角度" 选项设为 10。按 Enter 键确认，倾斜文字。设置文字填充色的 CMYK 值为 51、0、41、0，填充文字，效果如图 9-93 所示。

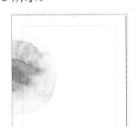

| 图 9-91 | 图 9-92 | 图 9-93 |

步骤 4 选择"文件 > 置入"命令，弹出"置入"对话框，选择云盘中的"Ch09 > 素材 > 制作都市新娘杂志内页 > 10"文件，单击"打开"按钮，在页面空白处单击鼠标左键置入图片。选择"自由变换"工具 ，将图片拖曳到适当的位置并调整其大小，效果如图 9-94 所示。用相同的方法置入其他图片并制作如图 9-95 所示的效果。

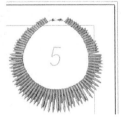

| 图 9-94 | 图 9-95 |

步骤 5 选择"矩形"工具 ，在页面中绘制一个矩形，设置图形填充色的 CMYK 值为 0、70、

20、0，填充图形，并设置描边色为无，效果如图 9-96 所示。选择"对象 > 角选项"命令，弹出"角选项"对话框，选项的设置如图 9-97 所示，单击"确定"按钮，效果如图 9-98 所示。

图 9-96   图 9-97   图 9-98

步骤 6 选择"矩形"工具，在页面中绘制矩形，填充图形为白色，并设置描边色为无，效果如图 9-99 所示。单击"控制面板"中的"向选定的目标添加对象效果"按钮 _fx_，在弹出的菜单中选择"投影"命令，在弹出的"效果"对话框中进行设置，如图 9-100 所示，单击"确定"按钮，效果如图 9-101 所示。

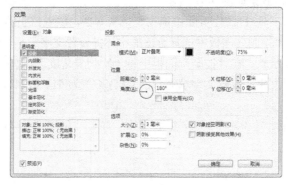
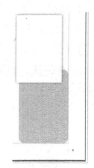

图 9-99   图 9-100   图 9-101

步骤 7 选择"文件 > 置入"命令，弹出"置入"对话框，选择云盘中的"Ch09 > 素材 > 制作都市新娘杂志内页 > 13"文件，单击"打开"按钮，在页面空白处单击鼠标左键置入图片。选择"自由变换"工具，将图片拖曳到适当的位置并调整其大小，效果如图 9-102 所示。

步骤 8 选择"选择"工具，按住 Shift 键的同时，选取下方矩形，按 Ctrl+G 组合键，将选取的对象编组，效果如图 9-103 所示。在"控制"面板中将"旋转"选项设为-12。按 Enter 键确认，效果如图 9-104 所示。

图 9-102   图 9-103   图 9-104

步骤 9 分别选取并复制记事本文档中需要的文字。返回到 InDesign 页面中，选择"文字"工具 T，在适当的位置分别拖曳文本框，分别将复制的文字粘贴到文本框中，将输入的文字选取，在"控制"面板中选择合适的字体并设置文字大小，效果如图 9-105 所示。选取需要的文字，在"控制"面板中将"字符间距" AV 0 ▼ 选项设为 14，按 Enter 键确认，效果如图 9-106 所示。

图 9-105

图 9-106

步骤 10 选择"选择"工具 ▶，按住 Shift 键，选取需要的文字，单击工具箱中的"格式针对文本"按钮 T，填充文字为白色，效果如图 9-107 所示。都市新娘杂志内页制作完成，效果如图 9-108 所示。

图 9-107

图 9-108

9.2.4 【相关知识】

1. 创建主页

用户可以从头开始创建新的主页，也可以利用现有主页或跨页创建主页。当主页应用于其他页面之后，对源主页所做的任何更改会自动反映到所有基于它的主页和文档页面中。

◎ **从头开始创建主页**

选择"窗口 > 页面"命令，弹出"页面"面板，单击面板右上方的图标 ▼≡，在弹出的菜单中选择"新建主页"命令，如图 9-109 所示，弹出"新建主页"对话框，如图 9-110 所示。

"前缀"选项：标识"页面"面板中的各个页面所应用的主页。最多可以输入 4 个字符。

"名称"选项：输入主页跨页的名称。

"基于主页"选项：选择一个以此主页跨页为基础的现有主页跨页，或选择"无"。

"页数"选项：输入一个值以作为主页跨页中要包含的页数（最多为 10）。

设置需要的选项，如图 9-111 所示，单击"确定"按钮，创建新的主页，如图 9-112 所示。

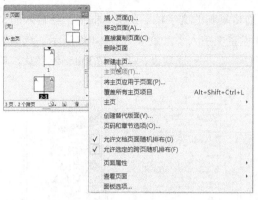

图 9-109

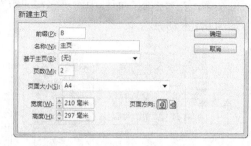

图 9-110

图 9-111

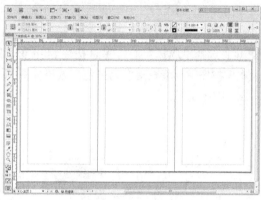

图 9-112

◎ 从现有页面或跨页创建主页

在"页面"面板中单击选取需要的跨页（或页面）图标，如图 9-113 所示。按住鼠标将其从"页面"部分拖曳到"主页"部分，如图 9-114 所示，松开鼠标左键，以现有跨页为基础创建主页，如图 9-115 所示。

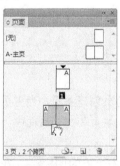

图 9-113

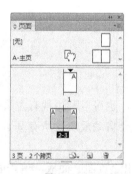

图 9-114

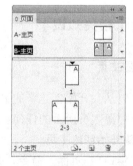

图 9-115

2. 基于其他主页的主页

在"页面"面板中选取需要的主页图标，如图 9-116 所示。单击面板右上方的图标▼▤，在弹出的菜单中选择"'C-主页'的主页选项"命令，弹出"主页选项"对话框，在"基于主页"的下拉列表中选择需要的主页，选项设置如图 9-117 所示。单击"确定"按钮，"C-主页"基于"B-主页"创建主页样式，效果如图 9-118 所示。

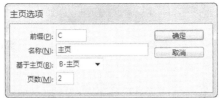
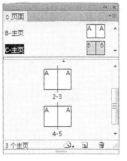

图 9-116　　　　　　　　　　　图 9-117　　　　　　　　　　　图 9-118

在"页面"面板中选取需要的主页跨页名称，如图 9-119 所示。按住鼠标将其拖曳到应用该主页的另一个主页名称上，如图 9-120 所示，松开鼠标左键，"B-主页"基于"C-主页"创建主页样式，如图 9-121 所示。

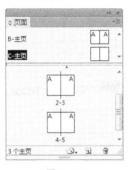

图 9-119　　　　　　　　　　　图 9-120　　　　　　　　　　　图 9-121

3. 复制主页

在"页面"面板中选取需要的主页跨页名称，如图 9-122 所示。按住鼠标左键将其拖曳到"创建新页面"按钮 上，如图 9-123 所示，松开鼠标左键，在文档中复制主页，如图 9-124 所示。

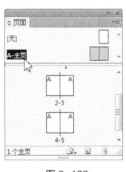
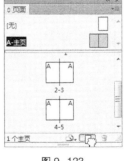
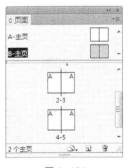

图 9-122　　　　　　　　　　　图 9-123　　　　　　　　　　　图 9-124

在"页面"面板中选取需要的主页跨页名称。单击面板右上方的图标 ，在弹出的菜单中选择"直接复制主页跨页'B-主页'"命令，可以在文档中复制主页。

4. 应用主页

◎　将主页应用于页面或跨页

在"页面"面板中选取需要的主页图标，如图 9-125 所示。将其拖曳到要应用主页的页面图标上，当黑色矩形围绕页面时，如图 9-126 所示，松开鼠标左键，为页面应用主页，如图 9-127 所示。

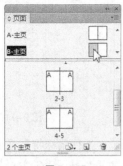  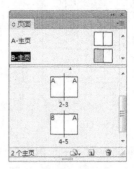

图 9-125　　　　　　　　　　图 9-126　　　　　　　　　　图 9-127

在"页面"面板中选取需要的主页跨页图标，如图 9-128 所示。将其拖曳到跨页的角点上，如图 9-129 所示，当黑色矩形围绕跨页时，松开鼠标左键，为跨页应用主页，如图 9-130 所示。

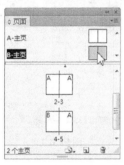  

图 9-128　　　　　　　　　　图 9-129　　　　　　　　　　图 9-130

◎ 将主页应用于多个页面

在"页面"面板中选取需要的页面图标，如图 9-131 所示。按住 Alt 键的同时，单击要应用的主页，将主页应用于多个页面，效果如图 9-132 所示。

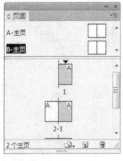 

图 9-131　　　　　　　　　　图 9-132

单击面板右上方的图标，在弹出的菜单中选择"将主页应用于页面"命令，弹出"应用主页"对话框，如图 9-133 所示。在"应用主页"选项中指定要应用的主页，在"于页面"选项中指定需要应用主页的页面范围，如图 9-134 所示。单击"确定"按钮，将主页应用于选定的页面，如图 9-135 所示。

图 9-133　　　　　　　　　图 9-134　　　　　　　　　图 9-135

5. 取消指定的主页

在"页面"面板中选取需要取消主页的页面图标，如图 9-136 所示。按住 Alt 键的同时，单击 [无] 的页面图标，将取消指定的主页，效果如图 9-137 所示。

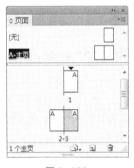　　　　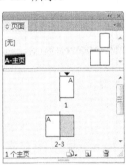

图 9-136　　　　　　　　　图 9-137

6. 删除主页

在"页面"面板中选取要删除的主页，如图 9-138 所示。单击"删除选中页面"按钮 ，弹出提示对话框如图 9-139 所示，单击"确定"按钮删除主页，如图 9-140 所示。

图 9-138　　　　　　　　　图 9-139　　　　　　　　　图 9-140

将选取的主页直接拖曳到"删除选中页面"按钮 上，可删除主页。单击面板右上方的图标 ，在弹出的菜单中选择"删除主页跨页'1-主页'"命令，也可删除主页。

7. 添加页码和章节编号

用户可以在页面上添加页码标记来指定页码的位置和外观。由于页码标记自动更新，当在文档内增加、移除或排列页面时，它所显示的页码总会是正确的。页码标记可以与文本一样设置格式和样式。

◎ **添加自动页码**

选择"文字"工具 T，在要添加页码的页面中拖曳出一个文本框，如图 9-141 所示。选择"文字 > 插入特殊字符 > 标志符 > 当前页码"命令或按 Ctrl+Shift+Alt+N 组合键，如图 9-142 所示，在文本框中添加自动页码，如图 9-143 所示。

图 9-141　　　　　　　　图 9-142　　　　　　　　图 9-143

在页面区域显示主页，选择"文字"工具 T，在主页中拖曳出一个文本框，如图 9-144 所示。在文本框中单击鼠标右键，在弹出的快捷菜单中选择"插入特殊字符 > 标志符 > 当前页码"命令，在文本框中添加自动页码，如图 9-145 所示。页码以该主页的前缀显示。

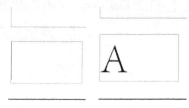

图 9-144　　　图 9-145

◎ **添加章节编号**

选择"文字"工具 T，在要显示章节编号的位置拖曳出一个文本框，如图 9-146 所示。选择"文字 > 文本变量 > 插入变量 > 章节编号"命令，如图 9-147 所示，在文本框中添加自动的章节编号，如图 9-148 所示。

图 9-146　　　　　　　　图 9-147　　　　　　　　图 9-148

◎ **更改页码和章节编号的格式**

选择"版面 > 页码和章节选项"命令，弹出"页码和章节选项"对话框，如图 9-149 所示。设置需要的选项，单击"确定"按钮，可更改页码和章节编号的格式。

"自动编排页码"选项：让当前章节的页码跟随前一章节的页码。当在它前面添加页面时，文档或章节中的页码将自动更新。

"起始页码"选项：输入文档或当前章节第一页的起始页码。

在"编排页码"选项组中各选项的功能如下。

"章节前缀"选项：为章节输入一个标签，包括要在前缀和页码之间显示的空格或标点符号。前缀的长度不

图 9-149

应大于 8 个字符，也不能为空，并且不能通过按空格键输入一个空格，而必须从文档窗口中复制和粘贴一个空格字符。

"样式"选项：从下拉列表中选择一种页码样式，该样式仅应用于本章节中的所有页面。

"章节标志符"选项：输入一个标签，系统会将其插入到页面中。

"编排页码时包含前缀"选项：可在生成目录或索引时或在打印包含自动页码的页面时显示章节前缀。取消选择此选项，将在系统中显示章节前缀，但在打印的文档、索引和目录中隐藏该前缀。

8. 确定并选取目标页面和跨页

在"页面"面板中双击其图标（或位于图标下的页码），在页面中确定并选取目标页面或跨页。

在文档中单击页面、该页面上的任何对象或文档窗口中该页面的粘贴板可用来确定并选取目标页面和跨页。

单击目标页面的图标，如图 9-150 所示，可在"页面"面板中选取该页面。在视图文档中确定的页面为第一页，要选取目标跨页，单击图标下的页码即可，如图 9-151 所示。

图 9-150　　　　　　　　　　图 9-151

9. 以两页跨页作为文档的开始

选择"文件 > 文档设置"命令，确定文档至少包含 3 个页面，已勾选"对页"复选框，单击"确定"按钮，效果如图 9-152 所示。设置文档的第一页为空，按住 Shift 键的同时，在"页面"面板中选取除第一页以外的其他页面，如图 9-153 所示。

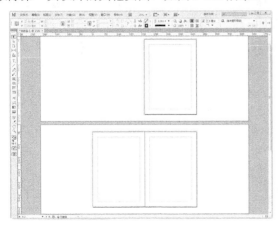

图 9-152　　　　　　　　　　　　图 9-153

单击面板右上方的图标▼▤，在弹出的菜单中取消选择"允许选定的跨页随机排布"命令，如

图 9-154 所示，"页面"面板显示如图 9-155 所示。

图 9-154　　　　　　　　　　　　　　　图 9-155

在"页面"面板中选取第一页，单击"删除选定页面"按钮 🗑，"页面"面板显示如图 9-156 所示，页面区域如图 9-157 所示。

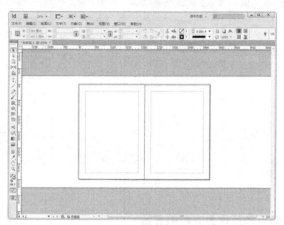

图 9-156　　　　　　　　　　　图 9-157

10.　添加新页面

在"页面"面板中单击"创建新页面"按钮 🗔，如图 9-158 所示，在活动页面或跨页之后将添加一个页面，如图 9-159 所示。新页面将与现有的活动页面使用相同的主页。

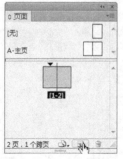

图 9-158　　　　　　　　　　　图 9-159

选择"版面 > 页面 > 插入页面"命令，或单击"页面"面板右上方的图标 ▤，在弹出的菜单中选择"插入页面"命令，如图 9-160 所示，弹出"插入页面"对话框，如图 9-161 所示。

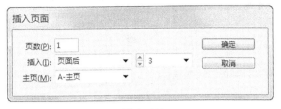

图 9-160　　　　　　　　　　　　　　　图 9-161

"页数"选项：指定要添加页面的页数。

"插入"选项：插入页面的位置，并根据需要指定页面。

"主页"选项：添加的页面要应用的主页。

设置需要的选项，如图 9-162 所示，单击"确定"按钮，效果如图 9-163 所示。

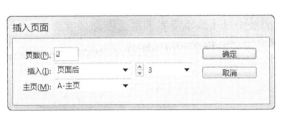

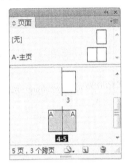

图 9-162　　　　　　　　　　　　图 9-163

11. 移动页面

选择"版面 > 页面 > 移动页面"命令，或单击"页面"面板右上方的图标 ，在弹出的菜单中选择"移动页面"命令，如图 9-164 所示，弹出"移动页面"对话框，如图 9-165 所示。

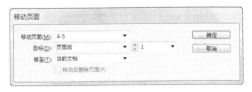

图 9-164　　　　　　　　　　　　图 9-165

"移动页面"选项：指定要移动的一个或多个页面。

"目标"选项：指定将移动到的位置，并根据需要指定页面。

"移至"选项：指定移动的目标文档。

设置需要的选项，如图 9-166 所示，单击"确定"按钮，效果如图 9-167 所示。

图 9-166

在"页面"面板中单击选取需要的页面图标，如图 9-168 所示，按住鼠标左键将其拖曳至适当的位置，如图 9-169 所示。松开鼠标左键，将选取的页面移动到适当的位置，效果如图 9-170 所示。

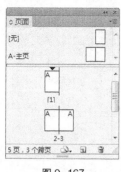

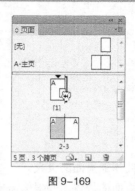
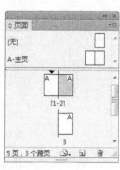

图 9-167　　　　　图 9-168　　　　　图 9-169　　　　　图 9-170

12. 复制页面或跨页

在"页面"面板中单击选取需要的页面图标，按住鼠标左键并将其拖曳到面板下方的"创建新页面"按钮 🗆 上，可复制页面。单击"页面"面板右上方的图标 ▼🗏 ，在弹出的菜单中选择"直接复制页面"命令，也可复制页面。

按住 Alt 键的同时，在"页面"面板中单击选取需要的页面图标（或页面范围号码），如图 9-171 所示，按住鼠标左键并将其拖曳到需要的位置，当鼠标变为图标 🏳 时，如图 9-172 所示，在文档末尾将生成新的页面，"页面"面板如图 9-173 所示。

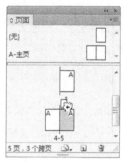
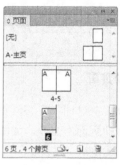

图 9-171　　　　　　图 9-172　　　　　　图 9-173

提　示　　复制页面或跨页也将复制页面或跨页上的所有对象。复制的跨页到其他跨页的文本串接将被打断，但复制的跨页内的所有文本串接将完整无缺，和原始跨页中的所有文本串接一样。

13. 删除页面或跨页

在"页面"面板中，将一个或多个页面图标或页面范围号码拖曳到"删除选中页面"按钮 🗑 上，删除页面或跨页。在"页面"面板中，选取一个或多个页面图标，单击"删除选中页面"按钮 🗑 ，删除页面或跨页。在"页面"面板中，选取一个或多个页面图标，单击面板右上方的图标 ▼🗏 ，在弹出的菜单中选择"删除页面/删除跨面"命令，删除页面或跨页。

9.2.5 【实战演练】制作时尚妆容杂志内页

使用页码和章节选项命令更改起始页码；使用当前页码命令添加自动页码；使用文字工具和填充工具添加标题及杂志内容；使用矩形工具和删除锚点工具制作斜角；使用文字工具和段落面板制作首字下沉效果；使用文本绕排面板制作绕排效果。最终效果参看云盘中的"Ch09 > 效果 >

制作时尚妆容杂志内页"，如图 9-174 所示。

扫码观看
本案例视频01　　扫码观看
本案例视频02　　扫码观看
本案例视频03

图 9-174

9.3　综合案例——制作美食杂志内页

9.3.1　【案例分析】

内页是杂志的核心部分，里面包括杂志所有内容，即要条理清晰还要引人入胜，所以设计以图文结合为主。本案例以实物图片为主体，让受众更行好的了解到产品特色，勾起食欲并添加文字说明做法。设计要求画面简洁干净，引人注目。

9.3.2　【设计理念】

在设计思路上，以真实的图片给受众带来视觉上的享受并刺激人的味蕾，产生身临其境的感觉。加以文字说明，体现主题。

9.3.3　【要点提示】

使用文字工具和填充工具添加标题及杂志内容；使用段落样式面板添加并应用新样式；使用文字工具和效果面板制作文字投影。最终效果参看云盘中的"Ch09 ＞ 效果 ＞ 制作美食杂志内页"，如图 9-175 所示。

图 9-175

扫码观看
本案例视频01　　扫码观看
本案例视频02　　扫码观看
本案例视频03　　扫码观看
本案例视频04　　扫码观看
本案例视频05

第10章 编辑书籍和目录

本章介绍 InDesign CS6 中书籍和目录的编辑及应用方法。通过本章的学习，读者可以掌握编辑书籍、目录的方法和技巧，完成更加复杂的排版设计项目，提高排版的专业技术水平。

课堂学习目标

- 掌握创建目录的方法
- 掌握创建书籍的方法
- 熟悉管理书籍文件

10.1 制作都市新娘杂志目录

10.1.1 【案例分析】

目录是杂志必要的一部分，具有指导阅读、检索内容的作用。本案例中要通过新娘杂志目录的设计制作介绍杂志的主要内容，同时还要便于读者查阅宣传册。

10.1.2 【设计理念】

在设计制作中，通过新娘图片、图形和色彩元素的编排，与新娘杂志封面和书籍内页设计风格相呼应。要求整体版面规则整洁，添加的小标题、页码便于查阅。最终效果参看云盘中的"Ch10 > 效果 > 制作都市新娘杂志目录"，如图 10-1 所示。

图 10-1

10.1.3 【案例操作】

1. 添加装饰图片和文字

步骤 1 选择"文件 > 新建 > 文档"命令，弹出"新建文档"对话框，设置如图 10-2 所示。单击"边距和分栏"按钮，弹出"新建边距和分栏"对话框，设置如图 10-3 所示，单击"确定"按钮，新建一个页面。选择"视图 > 其他 > 隐藏框架边缘"命令，将所绘制图形的框架边缘隐藏。

扫码观看
本案例视频01

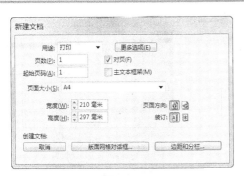
图 10-2

图 10-3

步骤 [2] 选择"文字"工具 T，在页面中分别拖曳文本框，输入需要的文字。将输入的文字选取，在"控制"面板中分别选择合适的字体并设置文字大小，如图 10-4 所示。选取需要的文字，如图 10-5 所示。在"控制"面板中将"垂直缩放" IT 100% ▼ 选项设为 120%，"字符间距" AV 0 ▼ 选项设为-50，按 Enter 键，效果如图 10-6 所示。

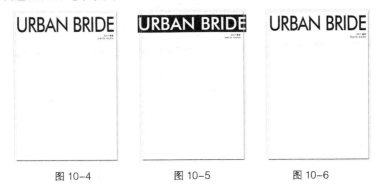

图 10-4　　　　　　　图 10-5　　　　　　　图 10-6

步骤 [3] 选择"文字"工具 T，分别选取需要的文字，设置文字填充色的 CMYK 值分别为 8、65、42、0 和 0、65、40、0，填充文字，效果如图 10-7 所示。

步骤 [4] 选择"文件 > 置入"命令，弹出"置入"对话框，选择云盘中的"Ch10> 素材 > 制作都市新娘杂志目录 > 01、02、03"文件，单击"打开"按钮，在页面中空白处分别单击鼠标置入图片。选择"自由变换"工具 ⊞，分别拖曳图片到适当的位置，并调整其大小，效果如图 10-8 所示。选择"选择"工具 ▶，选取需要的图片，如图 10-9 所示。

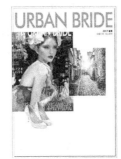

图 10-7　　　　　　　图 10-8　　　　　　　图 10-9

步骤 [5] 单击"控制"面板中的"向选定的目标添加对象效果"按钮 fx，在弹出的菜单中选择"投影"命令，在弹出的"效果"对话框中进行设置，如图 10-10 所示。单击"确定"按钮，效果如图 10-11 所示。

图 10-10

图 10-11

步骤 6 选择"文字"工具 T ，在页面中拖曳一个文本框，输入需要的文字，将输入的文字选取，在"控制"面板中选择合适的字体并设置文字大小，效果如图 10-12 所示。

步骤 7 选择"文字"工具 T ，在页面中拖曳一个文本框，输入需要的文字，将输入的文字选取，在"控制"面板中选择合适的字体并设置文字大小，效果如图 10-13 所示。

图 10-12

CONTENTS

图 10-13

2. 提取目录

步骤 1 按 Ctrl+O 组合键，打开云盘中的"Ch10 > 素材 > 制作都市新娘杂志目录 > 04"文件，选择"窗口 > 样式 > 段落样式"命令，弹出"段落样式"面板，单击面板下方的"创建新样式"按钮 ，生成新的段落样式并将其命名为"目录标题"，如图 10-14 所示。

步骤 2 单击"段落样式"面板下方的"创建新样式"按钮 ，生成新的段落样式并将其命名为"目录文字"，如图 10-15 所示。

图 10-14

图 10-15

步骤 3 双击"目录标题"样式，弹出"段落样式选项"对话框，单击"基本字符格式"选项，弹出相应的对话框，选项的设置如图 10-16 所示；单击"缩进和间距"选项，弹出相应的对话框，选项的设置如图 10-17 所示，单击"确定"按钮。

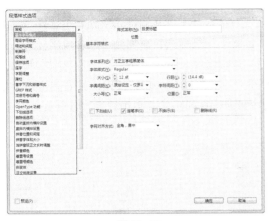

图 10-16

图 10-17

步骤 **4** 双击"目录文字"样式,弹出"段落样式选项"对话框,单击"基本字符格式"选项,弹出相应的对话框,选项的设置如图 10-18 所示;单击"缩进和间距"选项,弹出相应的对话框,选项的设置如图 10-19 所示,单击"确定"按钮。

图 10-18

图 10-19

步骤 **5** 选择"窗口 > 样式 > 字符样式"命令,弹出"字符样式"面板,单击面板下方的"创建新样式"按钮 ,生成新的字符样式并将其命名为"目录页码",如图 10-20 所示。双击"目录页码"样式,弹出"字符样式选项"对话框,单击"基本字符格式"选项,弹出相应的对话框,选项的设置如图 10-21 所示。

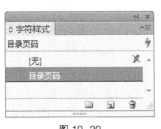

图 10-20

图 10-21

步骤 6 选择"版面 > 目录"命令，弹出"目录"对话框，在"其他样式"列表中选择"一级标题"样式，单击"添加"按钮 `<< 添加(A)`，将"一级标题"添加到"包含段落样式"列表中，如图 10-22 所示。在"样式：一级标题"选项组中，单击"条目样式"选项右侧的按钮 ▼，在弹出的菜单中选择"目录标题"；单击"页码"选项右侧的按钮 ▼，在弹出的菜单中选择"条目前"；单击"样式"选项右侧的按钮 ▼，在弹出的菜单中选择"目录页码"，如图 10-23 所示。

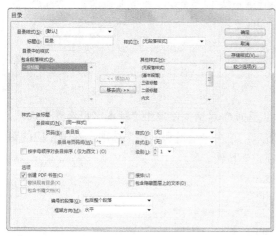

图 10-22

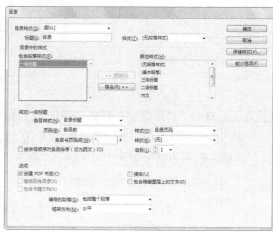

图 10-23

步骤 7 在"其他样式"列表中选择"三级标题"样式，单击"添加"按钮 `<< 添加(A)`；单击"条目样式"选项右侧的按钮 ▼，在弹出的菜单中选择"目录文字"，如图 10-24 所示。单击"确定"按钮，在页面中空白处拖曳鼠标绘制文本框，效果如图 10-25 所示。

图 10-24

图 10-25

步骤 8 选择"选择"工具 ▶，单击选取需要的段落文字，按 Ctrl+X 组合键，剪切段落文字，返回到目录页面中，按 Ctrl+V 组合键，粘贴段落文字，并将其拖曳到适当的位置，效果如图 10-26 所示。

步骤 9 选择"直线"工具 ＼，按住 Shift 键的同时，在适当的位置绘制一条竖线，在"控制"面板中将"描边粗细" 0.283点 ▼ 选项设为 1 点，按 Enter 键确认，效果如图 10-27 所示。在页面中空白处单击，取消选取状态，新娘杂志目录制作完成，效果如图 10-28 所示。

图 10-26　　　　　　　　　图 10-27　　　　　　　　　图 10-28

10.1.4　【相关知识】

1. 创建与生成目录

目录可以列出书籍、杂志或其他出版物的内容，可以显示插图列表、广告商或摄影人员名单，也可以包含有助于在文档或书籍文件中查找的信息。

生成目录前，先确定应包含的段落（如章、节标题），再为每个段落定义段落样式，并确保将这些样式应用于单篇文档或编入书籍的多篇文档中的所有相应段落。

在创建目录时，应在文档中添加新页面。选择"版面 > 目录"命令，弹出"目录"对话框，如图 10-29 所示。

"标题"选项：键入目录标题，将显示

图 10-29

在目录顶部。要设置标题的格式，可从右侧的"样式"下拉列表中选择一个样式。

通过双击"其他样式"列表框中的段落样式，将其添加到"包含段落样式"列表框中，以确定目录包含的内容。

"创建 PDF 书签"选项：将文档导出为 PDF 时，在 Adobe Acrobat 或 Adobe Reader® 的"书签"面板中显示目录条目。

"替换现有目录"选项：替换文档中所有现有的目录文章。

"包含书籍文档"选项：为书籍列表中的所有文档创建一个目录，重编该书的页码。如果只想为当前文档生成目录，则取消勾选此选项。

"编号的段落"选项：若目录中包括使用编号的段落样式，指定目录条目是包括整个段落（编号和文本）、只包括编号还是只包括段落。

"框架方向"选项：指定要用于创建目录的文本框架的排版方向。

单击"更多选项"按钮，将弹出设置目录样式的选项，如图 10-30 所示。

"条目样式"选项：对应"包含段落样式"中的每种样式，选择一种段落样式应用到相关联的目录条目。

"页码"选项：选择页码的位置，在右侧的"样式"下拉列表中选择页码需要的字符样式。

"条目与页码间"选项：指定要在目录条目及其页码之间显示的字符。可以在弹出列表中选择其他特殊字符，在右侧的"样式"下拉列表中选择需要的字符样式。

"按字母顺序对条目排序（仅为西文）"选项：将按字母顺序对选定样式中的目录条目进行排序。

"级别"选项：默认情况下，"包含段落样式"列表中添加的每个项目比它的直接上层项目低一级。可以通过为选定段落样式指定新的级别编号来更改这一层次。

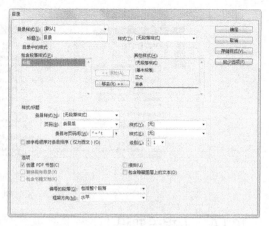

图 10-30

"接排"选项：所有目录条目接排到某一个段落中。

"包含隐藏图层上的文本"选项：在目录中包含隐藏图层上的段落。当创建其自身在文档中为不可见文本的广告商名单或插图列表时，选取此选项。

设置需要的选项，如图 10-31 所示。单击"确定"按钮，将出现载入的文本光标，在页面中需要的位置拖曳光标，创建目录，如图 10-32 所示。

图 10-31

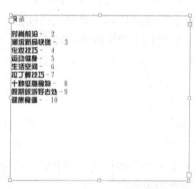

图 10-32

提 示 拖曳光标时应避免将目录框架串接到文档中的其他文本框架。如果替换现有目录，则整篇文章都将被更新后的目录替换。

2. 创建具有制表符前导符的目录条目

选择"窗口 > 样式 > 段落样式"命令，弹出"段落样式"面板。双击应用目录条目的段落样式的名称，弹出"段落样式选项"对话框，单击左侧的"制表符"选项，弹出相应的面板，如图 10-33 所示。选择"右对齐制表符"按钮，在标尺上单击放置制表符，在"前导符"选项中输入一个句点（.），如图 10-34 所示。单击"确定"按钮，创建具有制表符前导符的段落样式。

图 10-33

图 10-34

选择"版面 > 目录"命令，弹出"目录"对话框。在"包含段落样式"列表框中选择在目录显示中带制表符前导符的项目，在"条目样式"下拉列表中选择包含制表符前导符的段落样式。单击"更多选项"按钮，在"条目与页码间"选项中设置（^t），如图 10-35 所示。单击"确定"按钮，创建具有制表符前导符的目录条目，如图 10-36 所示。

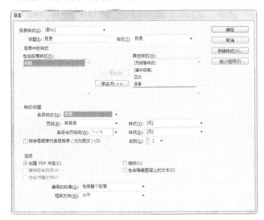
图 10-35

图 10-36

10.1.5　【实战演练】制作时尚妆容杂志目录

使用置入命令和效果面板添加并编辑图片；使用段落样式面板和目录命令提取目录。最终效果参看云盘中的"Ch10 > 效果 > 制作时尚妆容杂志目录"，如图 10-37 所示。

图 10-37

中等职业教育数字艺术类规划教材

10.2 制作都市新娘杂志书籍

10.2.1 【训练目标】

通过制作都市新娘杂志书籍，熟悉 InDesign CS6 制作书籍的基本方法。最终效果参看云盘中的"Ch10 > 效果 > 制作都市新娘杂志书籍"，如图 10-38 所示。

扫码观看本案例视频

图 10-38

10.2.2 【案例操作】

步骤 1 选择"文件 > 新建 > 书籍"命令，弹出"新建书籍"对话框，将文件命名为"制作都市新娘杂志书籍"，如图 10-39 所示。单击"保存"按钮，弹出"制作都市新娘杂志书籍"面板，如图 10-40 所示。

步骤 2 单击面板下方的"添加文档"按钮 ，弹出"添加文档"对话框，将"制作新娘杂志封面""制作都市新娘杂志目录""制作新娘杂志内页"添加到"制作都市新娘杂志书籍"面板中，如图 10-41 所示。

图 10-39

图 10-40

图 10-41

步骤 3 单击"制作都市新娘杂志书籍"面板下方的"保存"按钮 ，都市新娘杂志书籍制作完成。

10.2.3 【相关知识】

1. 在书籍中添加文档

单击"书籍"面板下方的"添加文档"按钮 ，弹出"添加文档"对话框，选取需要的文件，如图 10-42 所示。单击"打开"按钮，在"书籍"面板中添加文档，如图 10-43 所示。

单击"书籍"面板右上方的图标 ，在弹出的菜单中选择"添加文档"命令，弹出"添加文档"对话框，选择需要的文档，单击"打开"按钮，也可添加文档。

图 10-42　　　　　　　　　　　　　　　图 10-43

2. 管理书籍文件

每个打开的书籍文件均显示在"书籍"面板中各自的选项卡中。如果同时打开了多本书籍，则单击某个选项卡可将对应的书籍调至前面，从而访问其面板菜单。

在文档条目后面的图标表示当前文档的状态。

没有图标出现表示关闭的文件。

图标 表示文档被打开。

图标 表示文档被移动、重命名或删除。

图标 表示在书籍文件关闭后，文档被编辑过或页码被重新编排。

◎ **存储书籍**

单击"书籍"面板右上方的图标 ，在弹出的菜单中选择"将书籍存储为"命令，弹出"将书籍存储为"对话框，指定一个位置和文件名，单击"保存"按钮，可使用新名称存储书籍。

单击"书籍"面板右上方的图标 ，在弹出的菜单中选择"存储书籍"命令，将书籍保存。

单击"书籍"面板下方的"存储书籍"按钮 ，保存书籍。

◎ **关闭书籍文件**

单击"书籍"面板右上方的图标 ，在弹出的菜单中选择"关闭书籍"命令，关闭单个书籍。

单击"书籍"面板右上方的按钮 ，可关闭一起停放在同一面板中的所有打开的书籍。

◎ **删除书籍文档**

在"书籍"面板中选取要删除的文档，单击面板下方的"移去文档"按钮 ，从书籍中删除选取的文档。

在"书籍"面板中选取要删除的文档，单击"书籍"面板右上方的图标 ，在弹出的菜单中选择"移动文档"命令，从书籍中删除选取的文档。

◎ **替换书籍文档**

单击"书籍"面板右上方的图标 ，在弹出的菜单中选择"替换文档"命令，弹出"替换文档"对话框，指定一个文档，单击"打开"按钮，可替换选取的文档。

10.2.4　【实战演练】制作时尚妆容杂志书籍

使用新建书籍命令和添加文档命令制作书籍。最终效果参看云盘中的"Ch10 > 效果 > 制作时尚妆容杂志书籍"，如图 10-44 所示。

图 10-44

10.3 综合案例——制作美食杂志目录

10.3.1 【案例分析】

目录是杂志不可缺少的一部分，具有指导阅读、检索内容的作用。本案例中要通过美食杂志目录的设计制作介绍杂志的核心内容，同时还要便于读者查阅杂志。

10.3.2 【设计理念】

在设计制作中，通过美食图片、图形和色彩元素的编排，与宣传册封面和书籍内容设计风格相呼应。整体版面规则整洁，添加的小标题、页码便于查阅。

10.3.3 【要点提示】

使用矩形工具和渐变色板工具制作背景效果；使用置入命令和贴入内部命令制作图片的蒙版效果；使用段落样式面板和目录命令提取目录。最终效果参看云盘中的"Ch10 > 效果 > 制作美食杂志目录"，如图 10-45 所示。

图 10-45

第11章 综合设计实训

本章的综合设计实训案例，是根据商业设计项目真实情境来训练学生如何利用所学知识完成商业设计项目。通过多个商业设计项目案例的演练，使学生进一步牢固掌握 InDesign CS6 的强大操作功能和使用技巧，并应用好所学技能制作出专业的商业设计作品。

 案例类别

- 海报设计
- 杂志设计
- 包装设计
- 唱片设计
- 宣传册设计

11.1 海报设计

11.1.1 【项目背景及要求】

1. 客户名称

魅力约婚庆公司。

2. 客户需求

魅力约是一家提供婚礼策划服务以及为单身人士提供相亲机会的婚庆公司,在春季到来之际,为了提高公司知名度,需要举办一场相亲联谊活动,要求表现出温馨浪漫的画面氛围,主体突出,能够吸引更多的单身人士加入到我们的活动。

3. 设计要求

（1）海报设计要以相亲联谊为主体，体现海报的浪漫与内容。

（2）设计风格简洁时尚，画面内容要将相亲联谊海报的要素全面地体现出来。

（3）要求使用低调奢华的颜色，以体现联谊的档次及品位。

（4）设计规格均为210mm（宽）× 297mm（高），分辨率为300 像素/英寸。

11.1.2 【项目创意及制作】

1. 设计素材

图片素材所在位置：云盘中的"Ch11 > 素材 > 制作海报 > 01"。

文字素材所在位置：云盘中的"Ch11 > 素材 > 制作海报 > 文字文档"。

2. 设计作品

设计作品效果所在位置：云盘中的"Ch11 > 效果 > 制作海报"，如图 11-1 所示。

图 11-1

11.2 杂志设计

11.2.1 【项目背景及要求】

1. 客户名称

民佳娱乐城。

2. 客户需求

民佳娱乐城是一家向公众开放，提供公共娱乐服务的商城，有如大中型影院、电玩城、酒吧会所等娱乐场所。本次是为向外界宣传新增的业务美食城制作一份美食杂志封面，要求以各类美食为主题，不仅表现娱乐城美食的特色，还要体现出整个娱乐城的优点，设计具有创意，具有独特的表现力。

3. 设计要求

（1）表现美食杂志的特色，设计具有创意，具有独特的表现力。

（2）能够突出杂志在封面中所要表现的内容，整个画面的视觉流程流畅，简洁大方。

（3）色彩搭配丰富跳跃，能够让人观看心情愉悦。

（4）封面设计要求符合主题，表现美食杂志的特色。

（5）设计规格均为 210mm（宽）× 297mm（高），分辨率为 300 像素/英寸。

11.2.2　【项目创意及制作】

1. 设计素材

图片素材所在位置：云盘中的"Ch11 > 素材 > 制作杂志 > 01、02"。

文字素材所在位置：云盘中的"Ch11 > 素材 > 制作杂志 > 文字文档"。

2. 设计作品

设计作品效果所在位置：云盘中的"Ch11 > 效果 > 制作杂志"，如图 11-2 所示。

图 11-2

11.3　包装设计

11.3.1　【项目背景及要求】

1. 客户名称

香鲜鸡蛋加工厂。

2. 客户需求

香鲜鸡蛋加工厂是一家现代化的民营企业，主要以销售鸡蛋为主，现有一些散养鸡的鸡蛋，其营养价值远超养殖场饲料喂养鸡的鸡蛋，现需以散养鸡蛋为主题设计鸡蛋的包装。要求包装设计要表现出本公司鸡蛋健康营养的品质，将产品特色充分表现，能够吸引消费者。

3. 设计要求

（1）包装颜色的使用象征健康，让人感受到清新自然的感觉。

（2）整个包装设计符合产品特色。

（3）图片的应用及搭配，要体现出鸡蛋健康营养的品质。

（4）设计规格均为 420mm（宽）× 297mm（高），分辨率为 300 像素/英寸。

11.3.2 【项目创意及制作】

1. 设计素材

图片素材所在位置：云盘中的"Ch11 > 素材 > 制作包装 > 01~08"。

文字素材所在位置：云盘中的"Ch11 > 素材 > 制作包装 > 文字文档"。

2. 设计作品

设计作品效果所在位置：云盘中的"Ch11 > 效果 > 制作包装"，如图 11-3 所示。

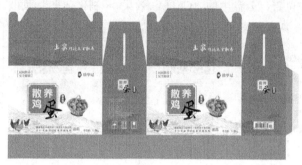

图 11-3

11.4 唱片设计

11.4.1 【项目背景及要求】

1. 客户名称

音线唱片公司。

2. 客户需求

音线唱片公司是一家专门从事唱片印刷、唱片出版和音乐制作的公司。现需要设计一套以自然为主题的音乐唱片内页。要求设计表现出唱片的主题内容和产品特色，能够吸引听众。

3. 设计要求

（1）画面设计简洁大气，让人感受到清新自然的感觉。

（2）整个设计符合主题要求，具有产品特色。

（3）图片的应用及搭配得当，精致唯美。

（4）设计规格均为 135mm（宽）×122mm（高），分辨率为 300 像素/英寸。

11.4.2　【项目创意及制作】

1. 设计素材

图片素材所在位置：云盘中的"Ch11 > 素材 > 制作唱片内页 > 01~06"。

文字素材所在位置：云盘中的"Ch11 > 素材 > 制作唱片内页 > 文字文档"。

2. 设计作品

设计作品效果所在位置：云盘中的"Ch11 > 效果 > 制作唱片内页"，如图 11-4 所示。

图 11-4

11.5 宣传册设计

11.5.1　【项目背景及要求】

1. 客户名称

博暖房地产有限公司。

2. 客户需求

博暖房地产有限公司是一家专门经营房地产中介服务的公司，公司主要经营房地产开发，自有房产的物业管理，房屋销售等业务，现需为房屋销售设计一套宣传册内页，要求设计要表现出住宅特色，购物、出行等周边环境及生活要素，将特色充分表现，能够吸引受众关注。

3. 设计要求

（1）画面设计简洁大气，让人感受到生活舒适自然的感觉。

（2）整个设计符合主题要求，具有特色。

（3）图片运用得当，要有细节及全景的展示的体现。

（4）设计规格均为 500mm（宽）× 250mm（高），分辨率为 300 像素/英寸。

11.5.2 【项目创意及制作】

1. 设计素材

图片素材所在位置：云盘中的"Ch11 > 素材 > 制作宣传册内页 > 01~16"。

文字素材所在位置：云盘中的"Ch11 > 素材 > 制作宣传册内页 > 文字文档"。

2. 设计作品

设计作品效果所在位置：云盘中的"Ch11 > 效果 > 制作宣传册内页"，如图 11-5 所示。

图 11-5